力学の基礎

堀口 剛 ●著

これで わかった!

技術評論社

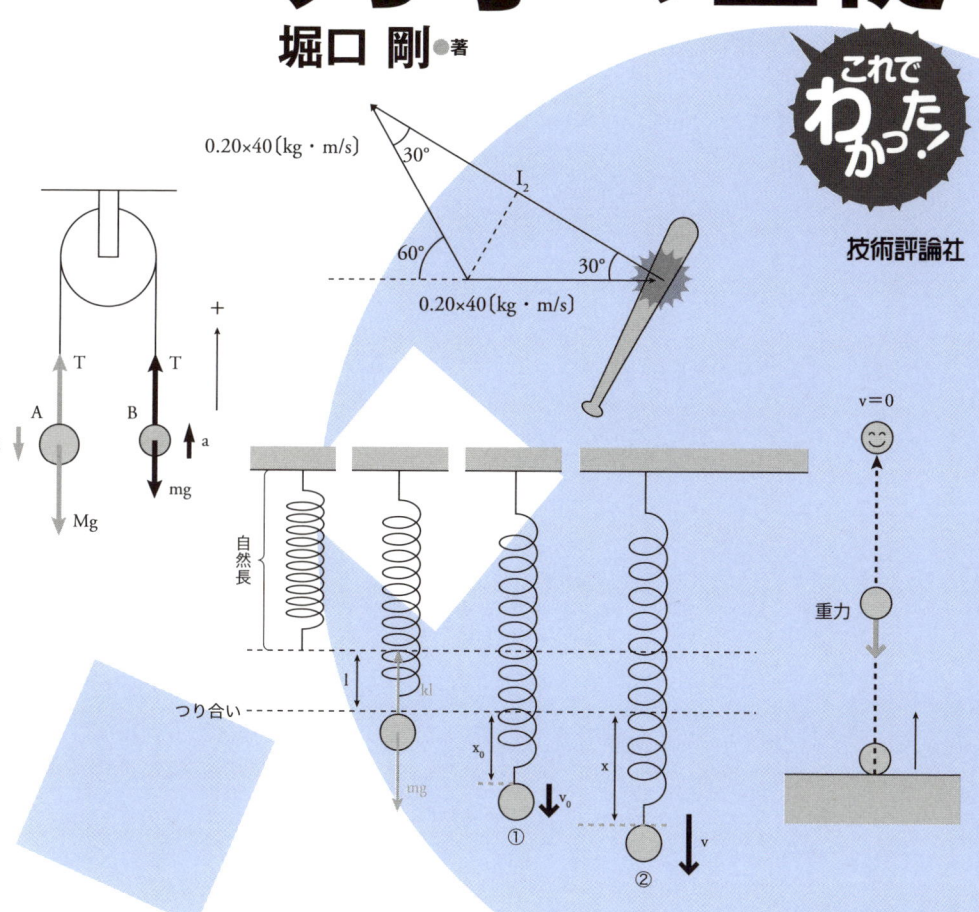

はじめに

　力学を制するものは物理を制する。力学の内容は，波動，熱力学，電磁気，原子分野など物理のあらゆる分野で登場し，物理において大事な骨組みとなる部分でもあります。つまり，力学をしっかりと勉強することで，物理の全分野を理解するための土台が作られるということになります。そこで本書は，「力学の基礎」と題し，「物理を理解するための土台がしっかり作られるように」という思いを込めて執筆させていただきました。

　大学で使われる物理の専門書というのは，高校生が大学受験などで勉強する物理の参考書よりも，はるかに高度な内容が書かれていまして，それらを理解するには，やはり高校で習う物理の知識が必須となります。そのようなことを考え，本書では，高校物理の力学分野が一気にガッチリ学習できるような内容になっています。それと同時に高校の物理から大学の物理にステップアップできるように，少しだけ大学で勉強する内容を盛り込みました。本書をうまく活用して，ぜひとも大学で使う物理の専門書を読みこなせるようになって下さい。

　「物理は難しい」ということをよく聞きます。現に私の周りでもよく聞きますし，高校でも理科で物理を選択したにもかかわらず，思った通り成績が伸びず，入試直前で物理をやめてしまうという高校生も多いです。物理は私たちの身の回りに起こっている自然現象ですので，誰にでも理解できると学問と思います。物理を学習する上で大切なのは，物理に少しでも興味を持ったならば，まず一つのことをもっと深く考え，わからなくてもあきらめてはいけない，ということです。そして，生活の中で物理を積極的に体感するということです。

　私が大学生や大学院生の頃に読んだ物理の専門書は，とても難しいと感じられるものばかりでした。しかし，粘り強く読み続けていくと，図や説明がわかりやすく，不思議と自分の感覚とぴったり合うものがあって，それをきっかけに理解への道が開かれたこともありました。本書では，理解への何らかのきっかけが得られるように，できるだけ図を多く用い，ゆっくりと説明するように書きました。

　また，世の中で起こることは全て物理法則に従います。たとえば，スポーツカーに乗って加速感を味わったり，テーマパークで落下する乗り物に乗って怖かったり，スタジアムで見たホームランのボールの描く軌道に感動したり，頭の中の理解だけではなく，物理を体感すれば，その現象が起こったのは「なぜだろう？」と考え，それが物理現象の理解につながるでしょう。そこで，本書では，具体的な私の物理体験に基づいた内容も多く掲載させていただきました。

　はじめは，難しいと思う内容がたくさんあるかもしれませんが，あきらめずに階段を一段一段着実に上っていくように理解することで，いつか広大な海が見えるような見晴らしのよい場所に立てることでしょう。物理は一歩踏み入って少しだけ深い世界に入れば実に楽しい科目ですので，ぜひとも皆さんに物理の世界を味わっていただきたいと思います。いつも心より応援していますので頑張ってください。

　最後に，このような素晴らしい企画の本を執筆できる機会を与えてくださった元編集者の吉岡奈緒さん，引き続き出版までお世話になりました編集長の加藤博さん，出版に関わっていただいた全ての方々，そして，技術評論社様，本当にありがとうございました。私自身，執筆を通して貴重な時間，そして，楽しい時間を過ごすことができました。心から感謝しております。

2011 年 5 月
堀口　剛

Contents

第1章 速さと速度 ... 13

- 1.1 速さと速度の違い ... 14
- 1.1.1 速さと速度の意味 ... 14
- 1.1.2 ベクトルとスカラー ... 15
- 練習問題 1-1 ... 15
- 1.2 平均の速さと瞬間の速さ ... 17
- 1.2.1 平均の速さと瞬間の速さ ... 18
- 1.2.2 平均の速さと瞬間の速さの求め方 ... 18
- 練習問題 1-2 ... 19
- 練習問題 1-3 ... 20
- 1.3 速度の合成と分解 ... 24
- 1.3.1 速度の合成 ... 24
- 1.3.2 合成速度の例 ... 25
- 1.3.3 合成速度の式 ... 28
- 練習問題 1-3 ... 30
- 1.3.4 速度の分解 ... 31
- 1.4 相対速度 ... 32
- 1.4.1 一直線上を運動する場合 ... 32
- 1.4.2 平面上を運動する場合 ... 34
- 練習問題 1-4 ... 35
- TOPICS ... 37

第2章
等加速度運動　39

- 2.1 等速直線運動 40
- 2.1.1 等速直線運動とは？ 40
- 2.1.2 $v-t$ グラフと $x-t$ グラフ 41
- 2.2 等加速度運動 43
- 2.2.1 加速度 43
- 2.2.2 等加速度直線運動の式 44
    - 練習問題　2-1 49
    - 練習問題　2-2 51
    - TOPICS 54
- 2.3 重力による運動 56
- 2.3.1 重力加速度 56
- 2.3.2 直線上の運動 57
    - 練習問題　2-3 59
- 2.3.3 平面内の運動 60
    - 練習問題　2-4 64
    - TOPICS 67

第3章
力の働き　69

- 3.1 物体に働く力 70
- 3.1.1 力の種類 70
- 3.1.2 力の表し方 71
- 3.1.3 物体に働く力の見つけ方 71
    - 練習問題　3-1 74
- 3.2 力のつり合い 76
- 3.2.1 2力のつり合い 76
- 3.2.2 2つり合いの式をたてよう 77
    - 練習問題　3-2 79

3.3	**力の合成・分解**	81
3.3.1	力の合成	81
3.3.2	力の分解	83
	練習問題 3-3	84
3.3.3	合成・分解の応用研究	85
3.3.4	作用・反作用の法則	87
	練習問題 3-4	89
3.4	**いろいろな力**	91
3.4.1	摩擦力	91
	練習問題 3-5	96
3.4.2	ばねの弾性力	97
3.4.3	空気抵抗	99
3.4.4	圧力	100
3.4.5	浮力	101
	練習問題 3-6	103
	練習問題 3-7	105
	TOPICS	106

第4章
剛体のつり合い　　109

4.1	**剛体に働く力**	110
4.1.1	質点と剛体	110
4.1.2	剛体に働く力の要素	111
4.2	**力のモーメント**	114
4.2.1	剛体のつり合い	114
4.2.2	力のモーメントの正負について	116
4.3	**2力の合成**	118
4.3.1	平行でない2力の合成	118
4.3.2	平行な2力の合成	119
	練習問題 4-1	121
4.4	**偶力**	123

4.4.1	偶力とは	123
4.4.2	偶力のモーメント	123
4.5	剛体のつり合い	125
4.5.1	力のつり合いと力のモーメントのつり合い	125
4.5.2	実際の計算方法	126
	練習問題　4-2	127
4.6	重心	129
4.6.1	重心とは	129
4.6.2	2球の重心の場所を求める	130
	練習問題　4-3	132
	練習問題　4-4	134

第5章 ニュートンの運動の法則　135

5.1	ニュートンの運動の法則とは	136
5.2	慣性の法則	138
5.2.1	慣性の法則とは	138
5.3	運動の法則	141
5.3.1	運動の法則とは	141
5.3.2	力と加速度に関する実験	142
5.4	運動方程式	146
5.4.1	運動方程式を導く	146
5.4.2	物体に働く重力	147
5.4.3	運動方程式のたて方	148
	練習問題　5-1	151
	練習問題　5-2	153
	練習問題　5-3	155
	TOPICS	157

第6章
仕事とエネルギー　159

- 6.1 　仕事と仕事率 160
- 6.1.1 　仕事の定義 160
  - 練習問題　6-1 161
- 6.1.2 　斜め方向の力がする仕事 161
- 6.1.3 　正の仕事と負の仕事 162
  - 練習問題　6-2 164
- 6.1.4 　仕事率 165
  - 練習問題　6-3 166
- 6.1.5 　等速直線運動と仕事率 167
- 6.2 　仕事の原理 168
  - 練習問題　6-3 169
- 6.3 　運動エネルギー 171
- 6.3.1 　運動エネルギーとは 171
- 6.3.2 　運動エネルギーの計算 171
- 6.4 　仕事とエネルギーの関係 174
- 6.4.1 　運動エネルギーの計算 174
  - 練習問題　6-4 176
- 6.5 　重力による位置エネルギー 177
- 6.5.1 　重力による位置エネルギーとは 177
- 6.5.2 　重力による位置エネルギーの求め方 177
- 6.6 　弾性力による位置エネルギー 180
- 6.6.1 　弾性力による位置エネルギーとは 180
- 6.6.2 　弾性力による位置エネルギーの計算 180
- 6.7 　力学的エネルギー保存の法則 184
- 6.7.1 　エネルギーの保存 184
- 6.7.2 　運動エネルギーと位置エネルギーの関係 185
- 6.7.3 　力学的エネルギー 186
- 6.7.4 　力学的エネルギーの計算 187
  - 練習問題　6-5 189

練習問題　6-6 192
6.8　保存力と非保存力 194
6.8.1　保存力と非保存力とは 194
6.8.2　それぞれの特徴 194
6.9　力学的エネルギー保存の法則：応用編 198
6.9.1　力学的エネルギー保存の法則の証明 198
6.9.2　力学的エネルギーが保存されない場合 199
　　　練習問題　6-7 202

第7章
運動量保存の法則　205

7.1　力積と運動量 206
7.1.1　力積と運動量の関係 206
7.1.2　運動量と力積のイメージ 208
　　　練習問題　7-1 210
7.2　運動量保存の法則 213
7.2.1　一直線上における衝突 213
　　　練習問題　7-2 215
7.2.2　平面上における衝突 215
　　　練習問題　7-3 217
7.3　はね返り係数 219
7.3.1　はね返り係数とは 219
7.3.2　はね返り係数の値の範囲と速度 220
　　　練習問題　7-3 221
7.3.3　一直線上の衝突におけるはね返り係数 222
7.3.4　はね返り係数の種類 224
　　　練習問題　7-4 225
7.4　小球と平面との斜め衝突 226
　　　練習問題　7-5 227

第8章 円運動　229

- 8.1　速度と角速度 230
- 8.1.1　等速円運動 230
- 8.1.2　角速度 230
- 8.1.3　周期 233
- 8.1.4　回転数 234
- 　　　 練習問題　8-1 235
- 8.2　円運動の加速度 236
- 8.2.1　円運動の加速度を求めるには 236
- 8.3　円運動の運動方程式 238
- 　　　 練習問題　8-2 240
- 　　　 練習問題　8-3 241
- 　　　 練習問題　8-4 242

第9章 万有引力　245

- 9.1　ケプラーの法則 246
- 9.1.1　第1法則 246
- 9.1.2　第2法則 246
- 9.1.3　第3法則 248
- 　　　 練習問題　9-1 248
- 　　　 TOPICS 249
- 9.2　ニュートンの万有引力の法則 251
- 9.2.1　万有引力とは 251
- 9.2.2　万有引力の法則を導く 252
- 　　　 練習問題　9-2 254
- 9.3　万有引力による位置エネルギー 255
- 9.4　万有引力と力学的エネルギー 258
- 　　　 練習問題　9-2 259

　　　　練習問題　9-3 260

第10章
単振動　261

- 10.1　単振動の変位・速度・加速度 262
- 10.1.1 単振動とは 262
- 10.1.2 単振動の速度 263
- 10.1.3 単振動の加速度 265
- 10.1.4 単振動の式のまとめ 266
- 　　　　練習問題　10-1 268
- 10.2　復元力 270
- 10.2.1 復元力を求める 270
- 10.2.2 復元力の応用知識 271
- 10.3　単振動の周期 273
- 10.3.1 周期の公式 273
- 10.3.2 水平ばね振り子 274
- 　　　　練習問題　10-2 274
- 10.3.3 鉛直ばね振り子 276
- 　　　　練習問題　10-3 278
- 10.4　単振動のエネルギー 279
- 10.4.1 非保存力がない状態の単振動 279
- 10.4.2 鉛直ばね振り子の力学的エネルギー 280
- 　　　　練習問題　10-4 282
- 10.5　単振り子 285

第11章
慣性力　287

- 11.1　慣性力とは 288
- 11.1.1 静止系と加速度系 288
- 11.1.2 力の関係式をたてる 288

- **11.1.3** 加速度系における力の関係式 290
- **11.1.4** 慣性力 ma の求め方 292
  - 練習問題　11-1 293
- **11.2**　遠心力 295
  - TOPICS 298

- 索引 299

第 1 章

速さと速度

> **ポイント**

　軽快に走っているスポーツカーを見て思わず「速い！」なんて思ったことはないでしょうか．「速さ」とは私たちが身近に感じることのできる運動状態を示す物理量の一つです．そんな速さを私たちは小学校の頃に"速さ＝道のり÷時間"という式で習い使いましたが，ここではもう少し認識を深めてみましょう．「求めた速さは一定値だが，運動している最中に速さは変化していないのか？」，「等速で運動することなんてめったにないんじゃないか？」など，いろいろと考えてみると，速さ一つとっても面白いものです．また，速さと速度という言葉は，日常では曖昧に使われているのではないでしょうか．ベクトル量とスカラー量ともに登場する物理では，こうした用語はしっかりと区別しておきたいところです．

1.1 速さと速度の違い

1.1.1 • 速さと速度の意味

　物体の運動状態を表す量に「速さ」と「速度」があります．これら二つの量は似ていますが，完全に同じ意味を表す言葉ではありません．それでは，これら二つの言葉の違いは何でしょうか？　はじめに，時速30kmでまっすぐに走る車と同じ時速30kmでカーブを走る車についてそれぞれ考えてみましょう．

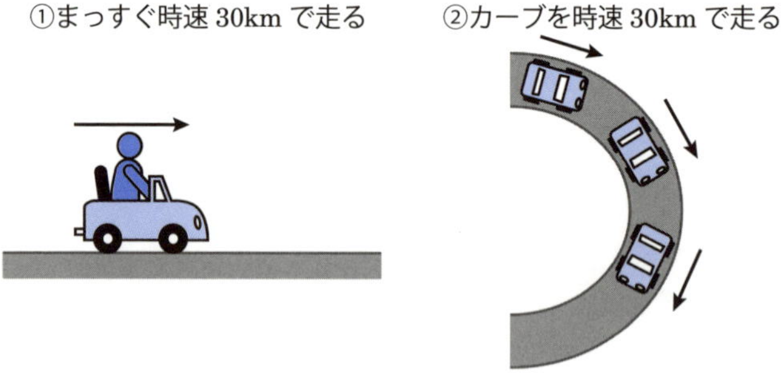

①まっすぐ時速30kmで走る　　②カーブを時速30kmで走る

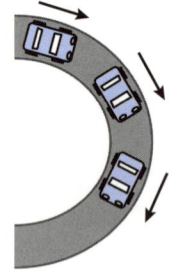

◆図1-1-1　車が時速30kmでまっすぐ走る図とカーブを走る図

　このとき，時速30kmでまっすぐに走る車は，常に等速度で運動しているといえます．一方，カーブを時速30kmで走る車は，常に等速度で運動しているとはいえません．なぜなら，**「速さ」は大きさのみを示す量，「速度」は大きさ（速さ）と向きの両方を示す量**だからです．つまり，時速30kmで直線を走る車は，常に速さが等しく向きも変わらないので，等速度で運動しています．それに対し，カーブを曲がる車は，同じ速さで走っていても向きが常に変化しているため等速度とはいえないのです．

1.1.2 • ベクトルとスカラー

　物理では，物体の運動状態を表す量において，「速さ」のように大きさだけを示す量と，「速度」のように大きさと向きを示す量があります．大きさと向きを示す量を**ベクトル**といいます．速度の他にも，加速度，変位，力，運動量，力積などがあり，物理の中の力学ではよく登場する量です．ベクトルを記号で表すときは，$\vec{F}$ のように物理量を表す記号の上に矢印（→）を付けるか，**F** のように太字で表記します．また，図で表す際には，図1-3-7のように，矢印を用います．

　一方，速さのように大きさのみを示す量を**スカラー**といい，速さの他に質量，温度，長さなどがあります．なお，ここではベクトルは記号の上に矢印を書く表記法で統一します．

> **ベクトルとスカラーの意味**
>
> 　ベクトル：大きさと向きをもつ量
>
> 　　　　〔例〕加速度 $\vec{a}$，速度 $\vec{v}$，力 $\vec{F}$，運動量 $\vec{P}$，力積 $\vec{I}$ など
>
> 　スカラー：大きさのみをもつ量
>
> 　　　　〔例〕質量 m，絶対温度 T，長さ L など

　「速さ」と「速度」を物理で用いる際には，しっかりと言葉のもつ意味を理解し，区別して使うべきだということを覚えておきましょう．

練習問題 1-1

　ある人がスタート地点から南の方向に 100m 走り，このときにスタートからゴールまでかかった時間は 20 秒であった．この人の走る速さを求めよ．

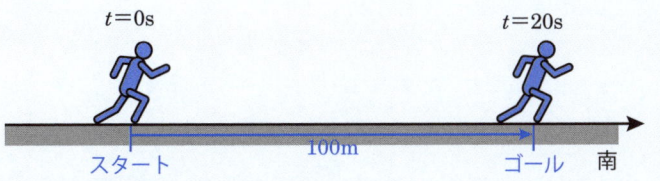

◆図 1-1-2　練習問題 1-1

第1章 速さと速度

> **解 答**
>
> 速さ = $\dfrac{距離}{時間}$ より
>
> $\dfrac{100}{20} = 5.0$　∴ $5.0 \, [\text{m/s}]$

　ここで，ちょっと考えてみましょう．練習問題 1-1 では「速さ」を求められていますが，これがもし「速度」を求められたら，どのように答えればよいでしょうか．速度は，ベクトル量で大きさと向きを示す量でなので，この人が走る速さと向きを答えなければなりません．ここでは，走る方向が「南向き」なので，答えは **"南向きに 5.0 [m/s]"** となります．

　また，速度の方向を表わす正負の符号の決め方は，図 1-1-3 のように，x 軸上を走る車において，x 軸方向を正の方向とすると，x の正方向に速さ v で走る車の速度は $+v$ または v，x の負方向に速さ v で走る車の速度は $-v$ で表します．

　物体の運動では「正の方向はどちらか」を常に考えることが大切です．

◆図 1-1-3　x 軸上を正の方向に走る車と負の方向に走る車

1.2 平均の速さと瞬間の速さ

　練習問題 1-1 でとりあげた 100m 走について考えてみます．100m 走で 20 秒かかったというのは，タイムとしては少々遅いような気がした方もいるのではないでしょうか．実はこの走者は，走行中につまずいて転んでしまったのでタイムが遅くなってしまったのです．ここで，走者の速さを縦軸に，時間を横軸にとってグラフで表すと，次のような形になりました．

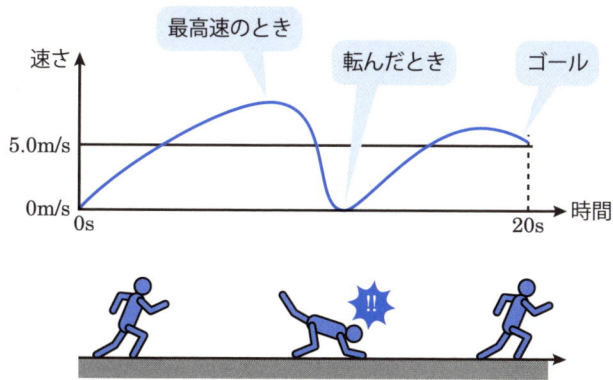

◆図 1-2-1　100m を走ったときの様子

　さて，図 1-2-1 のグラフを見ながらよく考えてみると，つまずいて転んでいる間は進んでいないので，速さは 0m/s となるはずです．しかし，計算で求めた速さは 5.0m/s でした．それでは，計算で求められた 5.0m/s はどういう意味をもつ値なのでしょうか？

　実は，この 5.0m/s という速さは，走っている間における平均の速さを示しています．つまり，「もし全距離を一定の速さで走ると仮定するならば，5.0m/s で走れば，ちょうど 20 秒で 100m 走り切れますよ」ということなのです．

1.2.1 ● 平均の速さと瞬間の速さ

100mを20秒で走ったとき，実際は途中で速さに変化がありますが，**もしすべての距離を一定の速さで走ったとしたら速さは何m/sになるか**，という値を平均の速さといいます．これに対して，最高速で走った瞬間や，転んでしまった瞬間に速さが0になるなど，速さが変化する各場面における極めて短い時間の速さを瞬間の速さと呼びます．

このように，速さには「平均の速さ」と「瞬間の速さ」の2種類が存在します．それでは，両方の速さの求め方を考えてみましょう．

1.2.2 ● 平均の速さと瞬間の速さの求め方

図1-2-2のように，小球がなめらかな水平面上で速さを変化させながら運動しています．ここで，時刻0〔s〕からt〔s〕の間に，この小球が距離x〔m〕移動したとします．

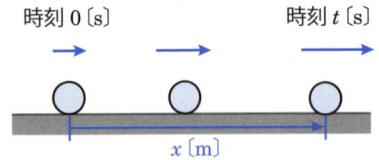

◆図1-2-2　水平面上を滑る小球

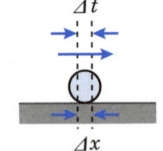

◆図1-2-2　瞬間の速さの考え方

このときの平均の速さ$\bar{v}$〔m/s〕は，移動距離x〔m〕，経過時間t〔s〕より

$$\bar{v} = \frac{x}{t}$$

と求まります．ここで，実際にxとtの量というのは，練習問題1-1のような$x=100$，$t=20$というように，どちらかというと大きな値でしょう．

一方，瞬間の速さvを求める場合は，0.01や0.001のように，xとtに非常に小さい値が用いられるのが特徴です．平均の速さ$\bar{v}$の式において，時間tを非常に短い時間$\varDelta t$，その間に移動した距離時間xを$\varDelta x$に置き換え

ると，瞬間の速さ v は，

$$v = \frac{\Delta x}{\Delta t}$$

となります．

　しかしながら，非常に短い時間 Δt や距離 Δx をグラフなどから読み取って値を求めるのは困難でしょう．他に，瞬間の速さを求めるよい方法はないのでしょうか．ここで，平均の速さと瞬間の速さについて，縦軸を移動距離 x，横軸を時間 t にとった $x-t$ グラフが登場する次の練習問題で考えてみましょう．

練習問題 1-2

図 1-2-4 のグラフは，物体が時刻 0 で点 O を出発して点 A と点 B を通過する際の，時刻 t に対する移動距離 x を表している．このグラフを参照して，AB 間の平均の速さを求めよ．

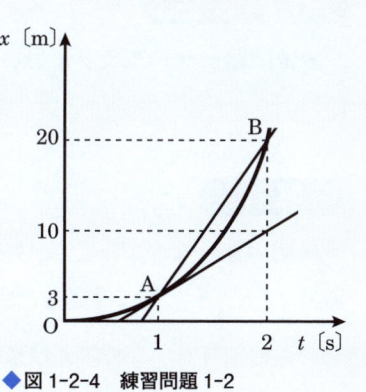

◆図 1-2-4　練習問題 1-2

解 答

　平均の速さは，AB の 2 点間の距離をその間に移動するのに要した時間で割ればよいので，

$$v = \frac{20.0 - 3.0}{2.0 - 1.0} = 17 \text{[m/s]}$$

　この答えはグラフにおける**直線 AB の傾き**を求めていることになります．つまり，平均の速さは 2 点を結ぶ直線の傾きを考えればよいことがわかり

第1章 速さと速度

ます．

練習問題 1-2 で求めた直線の傾きは正の値でしたが，運動によっては，傾きが負の値になることも考えられます．このような場合，速さは正の値で答えなければなりませんので，速さは傾きの絶対値ということになります．

> **平均の速さとは**
>
> 平均の速さは，$x-t$ グラフにおいて 2 点を結んだ直線の傾きから求められる．

> **練習問題 1-3**
>
> 練習問題 1-2 のグラフにおいて，点 A における瞬間の速さを求めよ．

解 答

瞬間の速さなので，点 A 付近の瞬間といえるくらいに，極めて短い時間 Δt と，その間に移動した距離 Δx がグラフから読み取れれば，それらの量の割り算 $\dfrac{\Delta x}{\Delta t}$ で答えは求まります．しかし，グラフから Δt と Δx を直接読み取るには小さい値が小さすぎて，困難です．

それでは，実際はどのように求めればよいのでしょうか．まず，AB 間の平均の速さを例にとって考えてみます．グラフより，AB 間を運動したときの経過時間は 1.0 秒ですが，瞬間の速さを求めるには，もっと短い経過時間が必要になります．そこで，点 B が限りなく点 A に近づいた場合を考えます．これにより，図 1-2-5 のように，AB 間の交わりは，0 に近い極めて短い時間 Δt と移動距離 Δx を示します．このような状態で求められた AB 間の平均の速さが，瞬間の速さということになります．

点 B が点 A に限りなく近づいた場合，直線 AB は曲線に交わるとい

うより接線に見えるでしょう．つまり，瞬間の速さは，その曲線の接線の傾きを求めればよい，ということを意味しています．

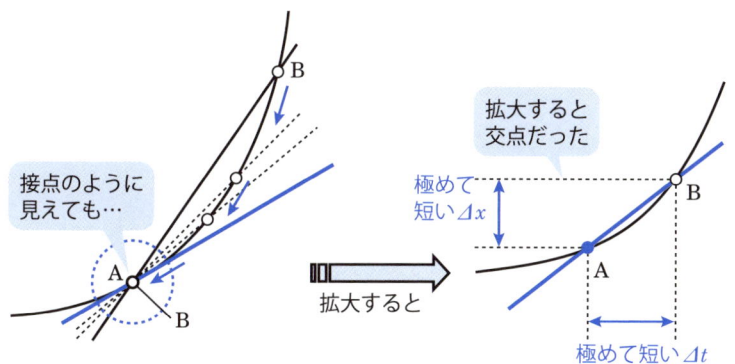

◆図1-2-5　接線における接点

　曲線に直線が接する場合，その接点は遠くから見れば完全に接しているようにみえますが，実は交点なのです．しかし，交わる間隔が非常に短いことから，その辺はアバウトに考えて，現実の世界で考える場合は「接する」としてよいことになっています．

　したがって，求める瞬間の速さは図1-2-4における点Aの接線の傾きより，

$$v = \frac{10.0 - 3.0}{2.0 - 1.0} = 7.0 \,[\mathrm{m/s}]$$

となります．このように，x–tグラフで瞬間の速さを求めるには，求めたい点に接線を引きその傾きを求めることで正確な値が求まることになります．

> **x–tグラフにおける平均の速さと瞬間の速さ**
> 　平均の速さ＝2点間の直線の傾きの大きさ
> 　瞬間の速さ＝その点における接線の傾きの大きさ

ところで，2点間の直線の傾きや接線の傾きの値は，正の値だけではなく負の値になるときも考えられるでしょう．負の傾きのときは，経過時間 t に対して，その間の変位 x が負になるということで，物体が負の方向に運動している場合を表しています．このように，傾きの正負を考えた場合，$x-t$ グラフにおける傾きは速度を表すことになります．

> **$x-t$ グラフにおける平均の速度と瞬間の速度**
> 平均の速度 = 2点間の直線の傾き
> 瞬間の速度 = その点における接線の傾き

この接線の傾きの値は，その点における微分係数と呼ばれるもので，数学の微分・積分で登場する値です．たとえば，図 1-2-6 のように示される，変位 $x(t)$ のグラフ上の点 P における微分係数は，

$$\text{直線PQの傾き} = \frac{x(t+\Delta t)-x(t)}{\Delta t}$$

となることから，この式において Δt を限りなく 0 に近づけた場合に求まる極限値となります．これを式で表すと，lim という極限値を表す記号を用いて，次のように記述できます．

$$\lim_{\Delta t \to 0}\frac{x(t+\Delta t)-x(t)}{\Delta t}$$

これを時刻 t における微分係数と呼び，$\dfrac{dx(t)}{dt}$ や $x'(t)$，$\dot{x}(t)$ などで表示します．

$$\lim_{\Delta t \to 0}\frac{x(t+\Delta t)-x(t)}{\Delta t} = \frac{dx(t)}{dt}$$
$$= x'(t) = \dot{x}$$

これが点 P における接線の傾きを表し，$x-t$ グラフでは瞬間の速度となります．ここで，瞬間の速度を $v(t)$ とすると，次のようになります．

> **瞬間の速度の公式**
>
> 瞬間の速度 $v(t) = \dfrac{dx(t)}{dt} = \lim\limits_{\Delta t \to 0} \dfrac{x(t+\Delta t) - x(t)}{\Delta t}$

つまり，変位 $x(t)$ を微分すると，速度 $v(t)$ が求まるということになります．

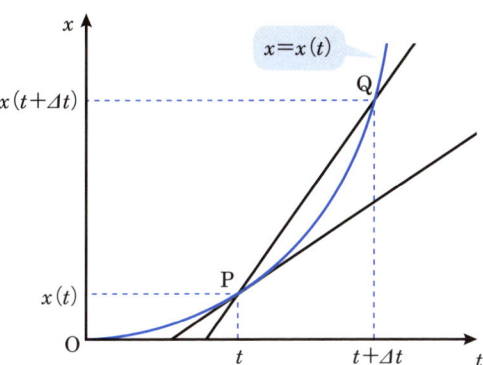

◆図 1-2-6　微分係数

1.3 速度の合成と分解

1.3.1 ● 速度の合成

　空港や駅などに設置されている動く歩道の上を人が歩く場面を考えてみましょう．このときの歩く人の速さは，地面に立って止まっている人から見ると普段よりもずっと速いと感じるでしょう．

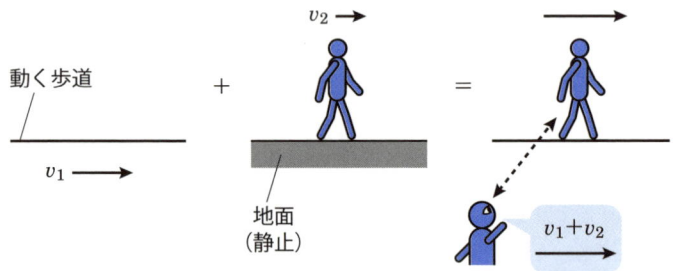

◆図 1-3-1　動く歩道における速度の合成

　これは，動く歩道の速度 v_1 に人の歩く速度 v_2 が加わることにより，普段よりも速く歩いているように見えたのです．このとき，地面に立って止まっている人から見える，歩く人の速度は，v_1+v_2 になったと考えることができます．

　このように，動く歩道 v_1 の速度と，人の歩く速度 v_2 の二つの速度について和をとることができ，これを **速度の合成** といいます．また，v_1+v_2 のように合成された速度を **合成速度** といいます．

1.3.2 ● 合成速度の例

それでは，いろいろなパターンにおける速度の合成を考えてみましょう．

■ 二つの速度が平行で同じ向きの場合

川の流れの速さが右向きに v_1 で，その川に静水時の速さが v_2 である船を流れと同じ方向に走らせるとき，岸から見た船の速度 v はいくらになるでしょうか．

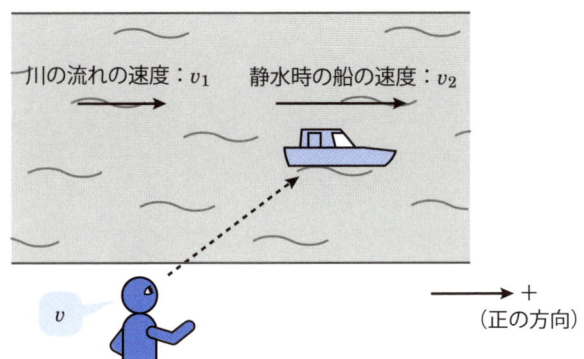

◆図 1-3-2　川の流れと船の速度が同じ場合

川の流れの向きを正とすると，川の流れの速度は v_1，船の速度は v_2 となり，求める速度 v は v_1 と v_2 の合成速度で求められるので，

$$v = v_1 + v_2$$

となります．これをベクトルで表現すると，次のようになります．

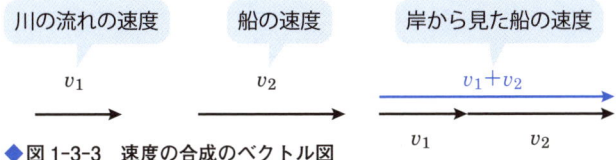

◆図 1-3-3　速度の合成のベクトル図

たとえば，$v_1 = 3.0$〔m/s〕，$v_2 = 5.0$〔m/s〕とすると，

$v = v_1 + v_2 = 3.0 + 5.0 = 8.0$

となり，正の速度となります．つまり，岸から見て船は右向きに 8.0〔m/s〕で進んでいくということになります．

■ 二つの速度が平行で逆向きの場合

◆図 1-3-4　川の流れと船の速度が逆の場合

川の流れの向きを正とすると，川の流れの速度は v_1，船の速度は図 1-3-4 では左向きなので $-v_2$ となります．ここで，速度を合成すると，岸から見た船の速度 v は，

$v = v_1 + (-v_2) = v_1 - v_2$

となります．これをベクトルで表現すると，次のようになります．

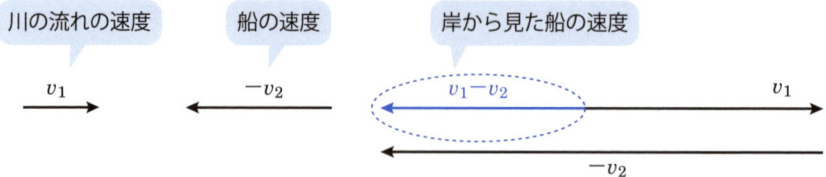

◆図 1-3-5　速度の合成のベクトル図

たとえば，$v_1 = 3.0$〔m/s〕，$v_2 = 5.0$〔m/s〕とすると，

$$v = v_1 - v_2 = 3.0 - 5.0 = -2.0$$

となり，負の速度となります．つまり，岸から見て船は左向きに 2.0〔m/s〕で進んでいくことになります．

二つの速度の向きが逆の場合は，速度の正負に注意しましょう．正の方向をしっかりと定め，速度の正負を考慮しながら速度の合成を行います．これにより，速度の合成を求める式 $v = v_1 + v_2$ が形のうえでは和の式であっても，v_1 や v_2 が負の値になることで，実際の計算では引き算になるときもあるので気をつけましょう．

■ **二つの速度の向きが異なる場合**

川の流れと船の進む方向が直角な場合を考えましょう．

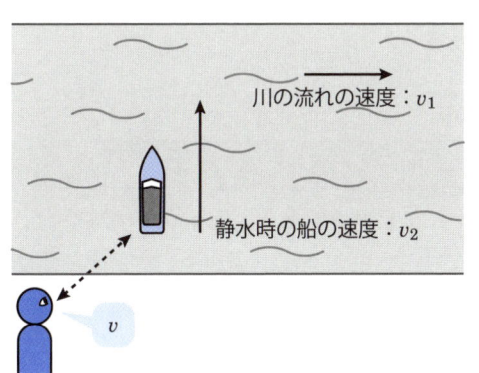

◆図 1-3-6　川の流れと船の進む方向が直角な場合

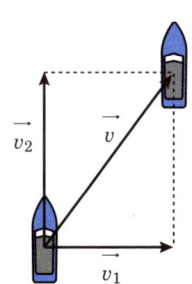

◆図 1-3-7　二つの速度が直角な場合の合成のベクトル図

今度は，船を対岸に向けて，川の流れの向きと直角の方向に出発させます．川の流れの向きと船の進む向きが異なる場合，岸から見た船の速度 v は，川の流れの速度 v_1 と船の速度 v_2 の合成速度となり，図 1-3-7 のように，v_1 と v_2 を 2 辺とする長方形の対角線で表されます．

このとき，川の流れの速度を $\vec{v_1}$，船の速度を $\vec{v_2}$，合成速度を $\vec{v}$ と，それぞれベクトル表示にすると，合成速度は，

$$\vec{v} = \vec{v_1} + \vec{v_2}$$

と表されます。

　図 1-3-7 は，二つの速度が直角の場合の速度の合成でしたが，一般に，二つの速度が角度をなす場合の合成では，図 1-3-8 のような平行四辺形の対角線を求めます。

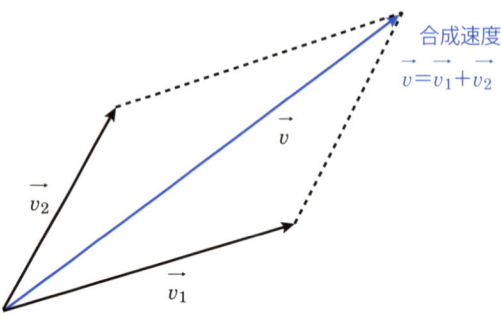

◆図 1-3-8　速度の合成

1.3.3 ● 合成速度の式

　一般に，速度 v_1 と v_2 の合成は，ベクトル量を考えるとすべての場合において，

$$\vec{v} = \vec{v_1} + \vec{v_2}$$

という一つの式でまとめられます。

　$\vec{v_1}$ と $\vec{v_2}$ を成分表示で表すと，図 1-3-9 に示すように

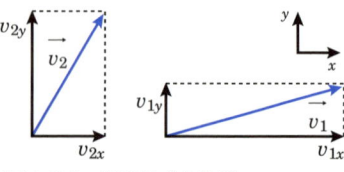

◆図 1-3-9　速度の成分分解

$$\vec{v_1} = (v_{1x},\ v_{1y}),\ \vec{v_2} = (v_{2x},\ v_{2y})$$

となり，

$$\vec{v} = \vec{v_1} + \vec{v_2} = (v_{1x},\ v_{1y}) + (v_{2x},\ v_{2y}) = (v_{1x} + v_{2x},\ v_{1y} + v_{2y})$$

となります。

　ここで，$\vec{v} = (v_x,\ v_y)$ として，x 成分と y 成分をそれぞれ分けて考えると，

・x 成分：$v_x = v_{1x} + v_{2x}$

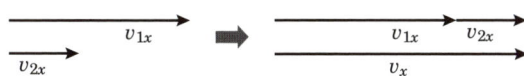

◆図 1-3-10　速度の x 成分の和

・y 成分：$v_y = v_{1y} + v_{2y}$

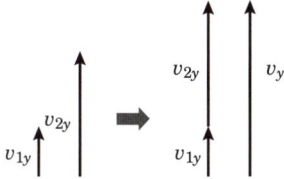

◆図 1-3-11　速度の y 成分の和

となっており，図 1-3-12 のような全体のベクトル図が求まります．

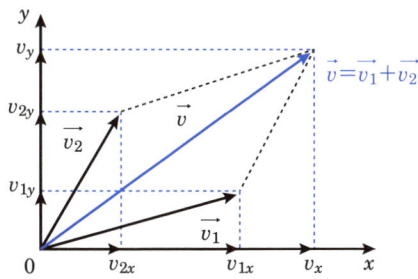

◆図 1-3-12　速度の合成

図 1-3-12 より，合成速度の大きさ v は次のように求まります．
$$v = |\vec{v}| = |\vec{v_1} + \vec{v_2}| = \sqrt{v_x^2 + v_y^2}$$

合成速度を求める公式

速度 $\vec{v_1}$ と速度 $\vec{v_2}$ の和をとると，合成速度 $\vec{v}$ が求められる．

合成速度 $\vec{v} = \vec{v_1} + \vec{v_2}$

合成速度の大きさ $v = \sqrt{v_x^2 + v_y^2}$

なお，$\vec{v_1}$, $\vec{v_2}$, $\vec{v}$ は，それぞれ地面を基準としたときの速度を表します．

練習問題 1-3

流れの速さが 3.0 [m/s] である川を，岸と直角の方向に船首を向けて船が渡る．静水時の船の速さを 4.0 [m/s]，川幅を 100 [m] として，以下の問いに答えよ．

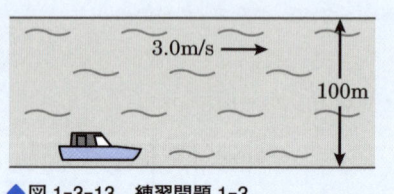

◆図 1-3-13　練習問題 1-3

(1) 船の岸に対する速さはいくらか．
(2) この船が川を渡るのに要する時間はいくらか．
(3) 川を渡る間にこの船は何 [m] 下流に流されるか．

解答

(1) 船の岸に対する速さ v は，図 1-3-13 に示す速度の合成より，次のようになります．

$$v = \sqrt{3.0^2 + 4.0^2} = \sqrt{25} = 5.0 \text{[m/s]}$$

(2) 対岸に向かう船の速さは 4.0 [m/s] で，この速さで川幅の 100 [m] を進むと考えられるため，川を渡る時間 t は，

$$t = \frac{100}{4.0} = 25 \text{[s]}$$

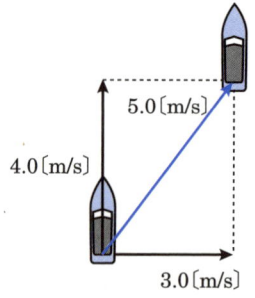

◆図 1-3-14　速度の合成

(3) 船の川の流れの方向の速さは 3.0 [m/s] なので，3.0 [m/s] の速さで川下に流されます．流される時間は川を渡る時間と等しく 25 [s] なので，下流に流される距離は，

$$x = 3.0 \text{[m/s]} \times 25 \text{[s]} = 75 \text{[m]}$$

1.3.4 ● 速度の分解

速度の分解では，合成のまったく逆を考え，一本の速度ベクトルを対角線とする平行四辺形の 2 辺の速度ベクトルに分解します．たとえば，図 1-3-15 において，一つの速度 $\vec{v}$ は次のようにいろいろな角度の速度ベクトルで分解することができます．

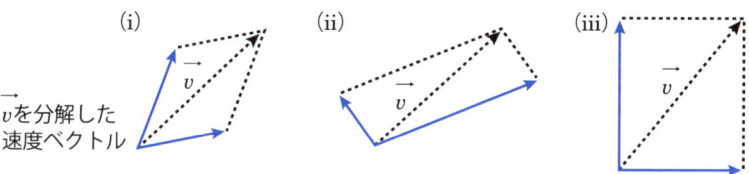

◆図 1-3-15　速度の分解

■ 速度の x 成分，y 成分を求める

速度 v を，直角をなす二つのベクトルに分解するケースはよくあります．図 1-3-16 より，速度 v の x 方向の成分 v_x と，y 方向の成分 v_y は，

$$\cos\theta = \frac{v_x}{v},\ \sin\theta = \frac{v_y}{v}$$

より，

$$v_x = v\cos\theta,\ v_y = v\sin\theta$$

と表されます．

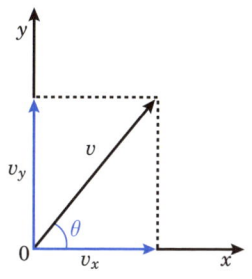

◆図 1-3-16　速度 v の x 成分 v_x，y 成分 v_y

速度の成分分解

速度 v を x 方向と y 方向に角度 θ で分解する場合，x 成分と y 成分は，

$$v_x = v\cos\theta,\ v_y = v\sin\theta$$

1.4 相対速度

　相対速度とは，運動している観測者から相手を見たときの速度のことです．たとえば，走っている電車に乗っているときに，隣で並行して走っている電車を見ると，どちらの電車もかなりのスピードで走っているのに，相手がゆっくりと走っているように見える…というような体験をしたことはないでしょうか．このときに感じている速度が相対速度です．ここまで速度は地面に静止している状態を基準として扱ってきましたが，ここからは運動している人を基準とした速度（相対速度）について考えます．

1.4.1 ● 一直線上を運動する場合

■ 後ろから追いかける場合

　走行中の車を，人が走って追いかける場面を考えてみましょう．

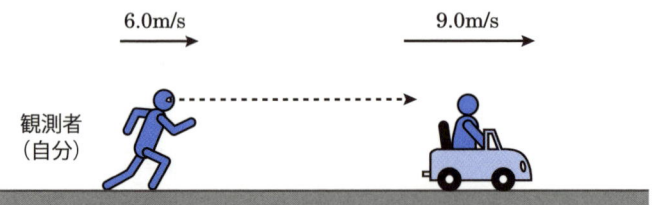

◆図 1-4-1　後ろから追いかける場合の相対速度

　9.0〔m/s〕の速さで走っている車の後ろから，自分自身が観測者になって，6.0〔m/s〕で走って追いかけながら車を見るときを想像してみましょう．このとき，自分が車を見て感じる速度は，自分が追いかける速度の分だけ小さくなると考えられます．よって，右方向を正の方向としたとき，車の速度9.0

〔m/s〕から自分の速度 6.0〔m/s〕を引いた速度は,

　　9.0 − 6.0 = 3.0〔m/s〕

と求まります．この速度が，**走っている人に対する車の相対速度**です．求められた速度は正の値ですが，正の方向は右方向を示しているので，相対速度は，"右向きに 3.0〔m/s〕"ということになります．今回のように，自分が観測者になった立場で考えると，この 3.0〔m/s〕の速度で車が自分から離れていくように見えます．

　以上から，相対速度は，**相手(車)の速度から観測者(人)の速度を引くこと**によって求められることがわかります．したがって，観測者の速度を $\vec{v_1}$，相手の速度を $\vec{v_2}$ とすると，相対速度 $\vec{v}$ は次のようになります．

> **相対速度の求め方**
>
> 　相対速度 = 相手の速度 − 観測者の速度
> 　$\vec{v} = \vec{v_2} - \vec{v_1}$
>
> 　＊相対速度の基準は観測者となる

■ **前から近づく場合**

次に，走行中の車に向かって人が走っていく場合を考えてみましょう．

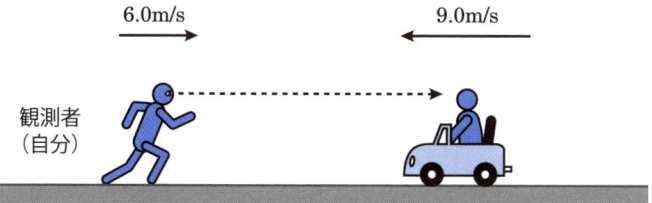

◆図 1-4-2　前から近づく場合の相対速度

　9.0〔m/s〕の速さで走っている車の前方から，自分自身が観測者になって，車の走る方向と逆向きに 6.0〔m/s〕の速さで走りながら，車を見るときの相

33

対速度を考えてみましょう．右方向を正の方向としたとき，観測者である自分の速度は 6.0〔m/s〕，車の速度は自分の速度と逆向きなので － 9.0〔m/s〕となります．よって相対速度は，相手の速度から観測者の速度を引けばよいので，

$$-9.0 - 6.0 = -15.0 〔m/s〕$$

と求まります．ここで，相対速度は負の値になりましたが，これは左向きという方向を示しています．つまり答えは「左向きに 15.0〔m/s〕」となります．相対速度が左向きということですが，観測者の立場で考えると，車が自分に向かって 15.0〔m/s〕の速さで近づいてくることになります．

1.4.2 ● 平面上を運動する場合

次に，相手の速度と観測者の速度の向きが異なる場合を考えてみましょう．この場合も，相対速度は，**相手の速度 − 観測者の速度**で求められます．また，相対速度の大きさを求める際は，ベクトル図から求めることになります．

たとえば，図 1-4-3 のように，船 A，B の 2 艇が直角をなす方向に，それぞれ速度 $\vec{v_1}$，$\vec{v_2}$ で進んでいたとしましょう．観測者が乗っている A に対する B の相対速度 $\vec{v}$ を求めると，相対速度を求める式から $\vec{v} = \vec{v_2} - \vec{v_1}$ となります．ここで，速度ベクトル $\vec{v_1}$，$\vec{v_2}$ や，$\vec{v} = \vec{v_2} - \vec{v_1}$ などを図形化すると，図 1-4-3 内に示したような，ベクトルによる三角形を描くことができます．相対速度 $\vec{v} = \vec{v_2} - \vec{v_1}$ は，三角形の斜辺をつくるベクトルとなります．

これは，A に乗る観測者から相手の B を見ると，速度 $\vec{v}$ の方向に離れていくように見えるということです．また，相対速度の大きさ v を求める場合は，この直角三角形の斜辺の長さを求めます．

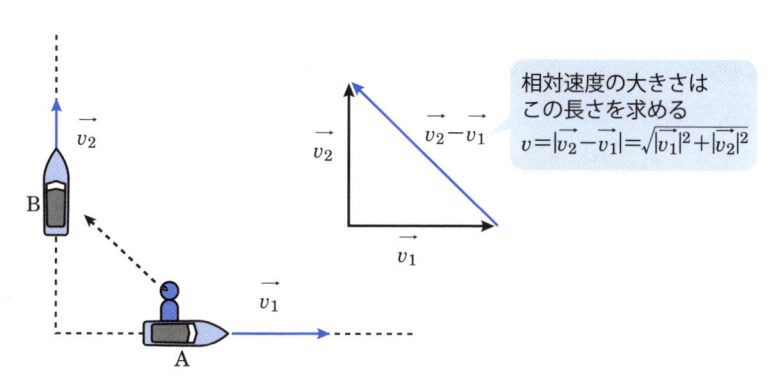

◆図 1-4-3　速度の向きが異なる場合の相対速度

> **観測者と相手の速度が異なる場合の相対速度**
>
> 観測者の速度 $\vec{v_1}$ と相手の速度 $\vec{v_2}$ が異なる方向の場合の相対速度 $\vec{v}$ は，
>
> $$\vec{v} = \vec{v_2} - \vec{v_1}$$
>
> によって求められ，相対速度の大きさ v は，ベクトルの図 $\vec{v}$ の長さから求められる．

練習問題 1-4

車が水平方向に速度 $\vec{v}$ で走っているとき，雨滴が鉛直に $\vec{W}$ の速度で落下してきた．このとき車内に静止している人にとって，雨滴がどれだけの速度をもっているように見えるかを，車内の人に対する雨滴の速度 $\vec{V}$ を図示して説明せよ．

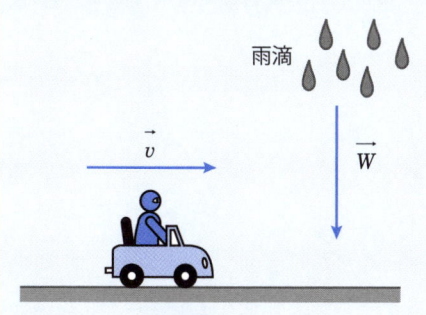

◆図 1-4-4　練習問題 1-4

解答

相対速度を求める式は，

相対速度＝相手の速度－観測者の速度

なので，

相対速度　　→ 雨滴の車内の人に対する速度 $\vec{V}$
観測者の速度 → 車の速度 $\vec{v}$
相手の速度　 → 雨滴の速度 $\vec{W}$

とおくことができます．したがって，

$$\vec{V} = \vec{W} - \vec{v}$$

が成り立ちます．これより，雨滴の車内の人に対する速度 $\vec{V}$ を図示すると，図1-4-5のようになります．したがって，車内の人にとって，雨滴は斜め上方から向かって降ってくるように見えます．

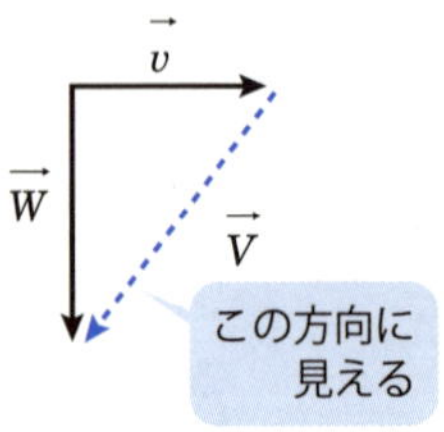

◆図1-4-5　速度の合成

1-4 相対速度

TOPICS

　筆者がウインドサーフィンを始めてまだ初心者だった頃，海で流されたことがありました．浜に向かって必死に泳ぎましたが，なかなか思うようには進みませんでした．向こうの浜では友人が心配そうにこっちを見ています．その近くまで進んでいけば助けに来てくれるだろう…と，ふと辺りを見回しました．左側にはテトラポットがあり，波が激しく打ち付けています．その横にはコンクリートの絶壁，そして，その隣が友人がいる岩場です．どうしてもその岩場へたどり着きたい．私はどちらの方向に泳いでいけばよいのでしょう？

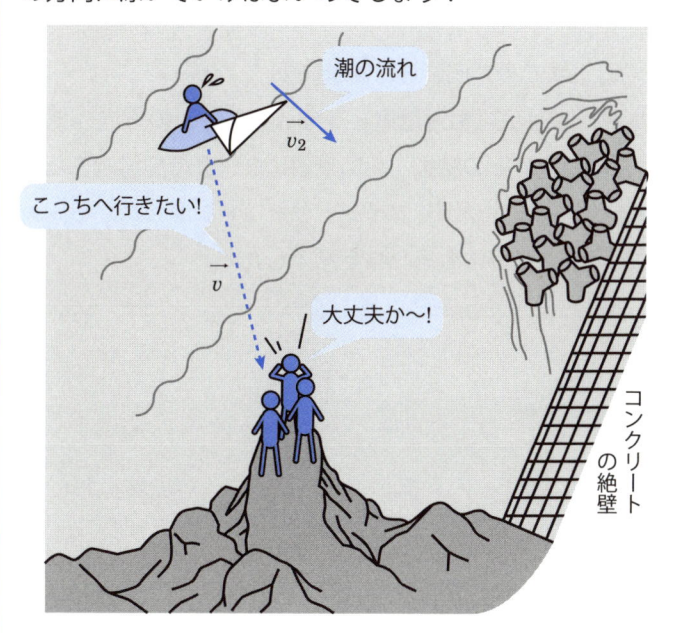

◆図 1-4-6　潮の流れと相対速度

　流されながら，次のことを考えました．「潮の流れもあり流されてしまうから，行きたい方向よりも，もっと潮の流れの上のほうに泳いでいこう」．ということで，図 1-4-7 に示す矢印の方向に泳いでいき

◆図 1-4-7　潮の流れと泳ぐ方向

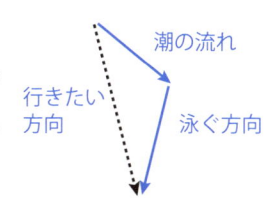

37

ました．

　これはベクトルで考えると次のようになります．

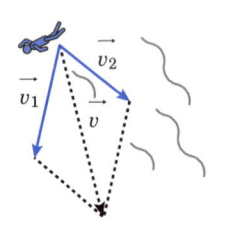

$\vec{v_1}$：人の潮の流れ（海）に対する相対速度
$\vec{v_2}$：潮の流れ（海）の地面（陸）に対する速度
$\vec{v}$ ：人の地面（陸）対する速度

◆図 1-4-8
　行きたい方向のベクトル図

このように決めると，

$\vec{v} = \vec{v_1} + \vec{v_2}$

∴ $\vec{v_1} = \vec{v} - \vec{v_2}$ ⇒ この方向に泳げばよい！！

　つまり，潮の流れに対して相対速度となるように，$\vec{v_1}$ の方向へ泳げばよいとわかったのです．その結果，私は無事に友人が待つ浜辺にたどり着き，助かりました．まさか海でウインドサーフィンをしながら，速度のベクトルを考えるとは夢にも思いませんでした…．

第2章 等加速度運動

ポイント

　物体の運動状態を示す速度，加速度，変位などの基本的な物理量を勉強していきましょう．基本公式となる等加速度直線運動の三つの公式はとても重要で，これらをしっかりと理解することで，運動する物体の速度や変位などが求められるようになります．公式は暗記ではなく，イメージと共に理解することで，自由に使いこなせるようになるでしょう．

　また，時間の経過とともに，物体の運動状態がどのように変化していくのか，ということをイメージできるようになるのも大切なことです．運動の種類は，直線運動だけでなく，放物運動などの応用も取り扱っていきます．

2.1 等速直線運動

2.1.1 ● 等速直線運動とは？

等速直線運動とは，等速に直線運動することです．つまり，**速さと向きが常に等しい**ことから速度が等しい運動であり，**等速度運動**とも呼ばれています．

■ 等速直線運動と等速直線運動でない運動との違い

図 2-1-1 の①，②のように，水平面上を運動する物体について，短く等しい時間間隔でストロボ写真を撮影した場面を想定してみましょう．

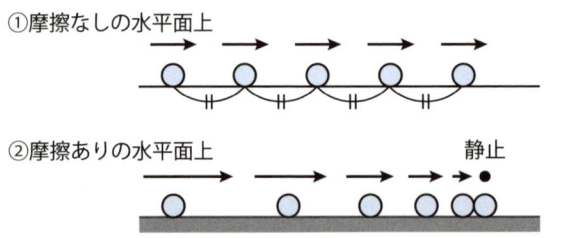

①摩擦なしの水平面上

②摩擦ありの水平面上　　　　　　　静止

◆図 2-1-1　水平面上を運動する物体のストロボ写真を撮影した様子

①の場合のように，物体が摩擦のない水平面上を運動する場合では，写真に写った物体の間隔，すなわち物体が一定時間に移動した距離が等しいことから，速度が一定に保たれていることがわかります．つまり，物体は等速直線運動をしているといえます．

それに対して，物体が摩擦のある水平面上を滑る②の場合では，物体の間隔は時間が経つにつれ，少しずつ短くなっています．つまり，物体が一定時間に移動した距離がしだいに小さくなっていくことから，速度もしだい小さくなっていくことがわかります．したがって，物体は等速直線運動をしてい

るとはいえません．

　以上から，等速直線運動は，物体に対し，摩擦力のような運動を阻止する力が働かないことにより実現することがわかります．また，等速直線運動は，物体が一定時間に移動する距離が常に等しいので，一定時間を単位時間に置き換えると，単位時間当たりに移動する距離が等しい運動ということになります．単位時間当たりに移動する距離は速度の大きさを示すので，このことからも，物体は等速直線運動しているということがわかります．

> **等速直線運動のポイント**
>
> 　等速直線運動は，主に摩擦や抵抗力などの運動を阻止するような力が働かない場面で実現するもので，物体が単位時間当たりに移動する距離が等しい．　※これ以外で実現する場面もある．

2.1.2 ● $v-t$ グラフと $x-t$ グラフ

■ $v-t$ グラフ

　等速直線運動する物体の運動の様子を，縦軸に速度 v，横軸に時間 t をとった $v-t$ グラフで描くと，等速直線は "速度 $v =$ 一定" という意味から，次のようになります．

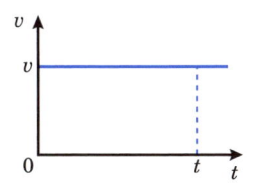

◆図 2-1-2　等速直線運動する物体の $v-t$ グラフ

　また，速度 v は移動距離 x に対する経過時間を t とすると，$v = \dfrac{x}{t}$ より，

移動距離 $x = vt$ と求まります．

そこで，この移動距離 x の式の意味について考えてみると，x は図 2-1-3 のグラフにおける斜線部分の面積を示していることがわかります．つまり，**$v-t$ グラフの面積は移動距離を示す**ものであり，これは $v-t$ グラフの大切な性質の一つです．

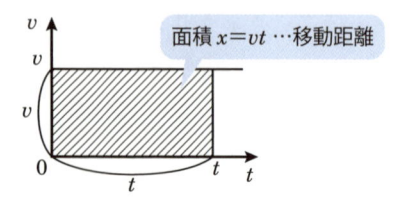

◆図 2-1-3　$v-t$ グラフにおける面積

■ $x-t$ グラフ

縦軸を変位 x，横軸を時間 t にとったグラフを **$x-t$ グラフ**といいます．等速直線運動をする物体の場合，$x = vt$ より，傾き v は速度であり一定なので，次のような1次関数の直線のグラフを描くことができます．

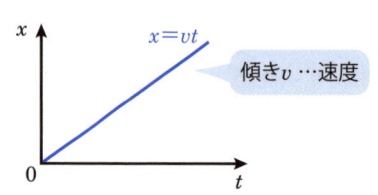

◆図 2-1-4　等速直線運動する物体の $x-t$ グラフ

$x-t$ グラフでは，**直線の傾きが速度 v** となっているのが特徴です．

> **$v-t$ グラフと $x-t$ グラフのポイント**
> 　$v-t$ グラフ：面積は移動距離を表す
> 　$x-t$ グラフ：直線の傾きは速度を表す

2.2 等加速度運動

2.2.1 ● 加速度

加速度とは，**単位時間当たり（1秒間）に変化する速度の割合**のことで，毎秒ごとにどのくらい速度が変化しているのかを示す量です．また，加速度は大きさと向きをもつベクトル量でもあります．

> **加速度とは**
> 加速度：単位時間に変化する速度の割合

たとえば，5.0秒間に速度が10〔m/s〕から20〔m/s〕に変化し，等しい加速度で運動する物体の加速度を求めてみましょう．

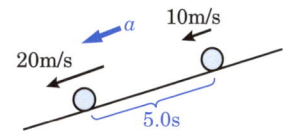

◆図2-2-1　等加速度運動する物体

加速度は"単位時間（1秒間）に変化する速度"なので，速度変化を経過時間で割って求めます．速度変化は"20−10〔m/s〕"，経過時間は5.0〔s〕であることから，加速度 a は，

$$a = \frac{20-10}{5.0} = 2.0 \, [\text{m/s}^2]$$

となります．

第2章 等加速度運動

> **加速度の公式**
>
> t 秒間に速度が v_0〔m/s〕から v〔m/s〕へと変化する等加速度運動の加速度 a〔m/s²〕は，次の式により求められる．
>
> $$a = \frac{v - v_0}{t}$$

ここで，加速度について考察してみましょう．

速度 10〔m/s〕から一定の加速度 2.0〔m/s²〕で 5.0 秒間運動する場合，毎秒ごとに，次のように 2.0〔m/s〕ずつ速度が増えていくような変化をします．

時　間〔s〕	0	1.0	2.0	3.0	4.0	5.0
速　度〔m/s〕	10	12	14	16	18	20

+2.0m/s　+2.0m/s　+2.0m/s　+2.0m/s　+2.0m/s　　同じ割合で速度が増えていく

このように考えると，5.0 秒後の速度 v は初速度 10〔m/s〕に 2.0〔m/s〕を 5 回足すことで求められるので，

$$v = 10 + 2.0 \times 5 = 20 \text{〔m/s〕}$$

と計算することができます．

2.2.2 ● 等加速度直線運動の式

常に等しい加速度で直線運動することを等加速度直線運動といいます．ここでは，等加速度直線運動をする物体について考えていきます．

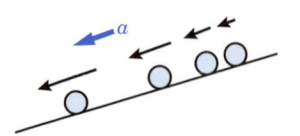

◆図 2-2-2　斜面上で等加速度運動する物体

■ 速度の式

加速度 a で等加速度直線運動する物体の時刻 0 における速度（これを初速度という）を v_0 とすると，t 秒後の速度はどうなるでしょうか．加速度 a は 1 秒ごとに増加する速度なので，初速度 v_0 に 1 秒ごとに一定の加速度 a が加わっていき，t 秒後の速度 v が求まります．速度 v を 1 秒ごとに並べてみると，次のようになります．

時　間	0秒	1秒	2秒	3秒	…	t 秒
速　度	v_0	v_0+a	v_0+2a	v_0+3a	…	v_0+at

また，これをベクトル図で表すと図 2-2-3 のようになります．

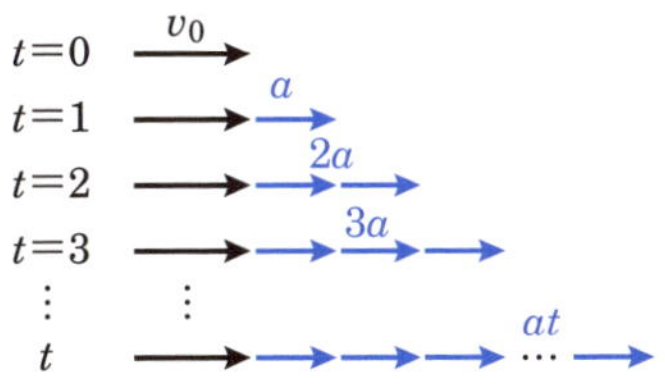

◆図 2-2-3　等加速度直線運動する物体の速度変化を表すベクトル図

全体のベクトルの長さを計算することから，等加速度直線運動する物体の時刻 t における速度 v の式は，

$$v = v_0 + at$$

と求められます．

> **速度の公式**
> 　　速度 $v = v_0 + at$

また，この速度の公式は，加速度の公式 $a = \dfrac{v - v_0}{t}$ から，式変形をして，

$$v = v_0 + at$$

と求めることもできます．

変位の式

変位とは**位置の変化**を示す量です．たとえば，図2-2-4のような小球の動きを考えてみましょう．はじめに $x=0$ からスタートして正方向へ移動し，$x=3$ で折り返して $x=-2$ の点まで移動したとします．

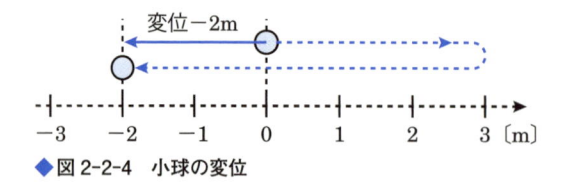

◆図2-2-4　小球の変位

このとき，小球が移動した道のりの往復運動を考えると $8〔m〕$ となります．それに対して，変位はスタートの位置とゴールの位置だけで決まる値なので，$0〔m〕$ から $-2〔m〕$ までの変化を考えて $(-2)-0=-2〔m〕$ となります．このように，変位とは，ベクトル量であり，大きさと向きで表される量です．

それでは，時刻 t における変位 x を求めてみましょう．ここでは，物体が正方向に移動するものとして，その距離を求めることで考えていきます．

等加速度運動では常に速度が変化するので，距離 x を求める場合は，等速直線運動のときのように，かんたんに $x=vt$（距離＝速度×時間）という公式は使えません．しかし，**一定の割合で速度が変化していく運動**なので，平均値の考えをうまく利用すれば，等速直線運動のように考えることができます．つまり，$x=vt$ の速度 v を平均値 $\bar{v}$ として，距離を $x=\bar{v}\times t$ で求めればよいことになります．

初速度 v_0 で運動を始めてから t 秒間における平均の速度 $\bar{v}$ は，図2-2-5のグラフより，

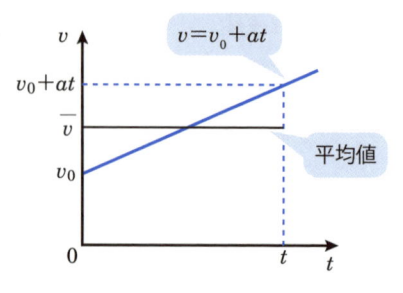

◆図2-2-5　等加速度運動における平均の速さ

$$\bar{v} = \frac{v_0 + (v_0 + at)}{2} = v_0 + \frac{1}{2}at$$

となります．この平均の速度 $\bar{v}$ で t 秒間の等速直線運動をすると考え，距離 x を求めればよいので，

$$x = \bar{v}t = \left(v_0 + \frac{1}{2}at\right) \times t$$

これを整理すると，

$$x = v_0 t + \frac{1}{2}at^2$$

となります．

> **変位の公式**
>
> 変位 $x = v_0 t + \frac{1}{2}at^2$

　変位 x は $v{-}t$ グラフの面積からも求めることができます．図 2-1-3 でも示したように $v{-}t$ グラフで囲まれた面積は移動距離を表します．等加速度直線運動の場合，速度 v の時間変化に対するグラフは $v = v_0 + at$ という式より，図 2-2-6 のように表せます．したがって，t 秒間における移動距離 x は，図 2-2-6 の斜線部分の台形の面積を求めればよいことになります．

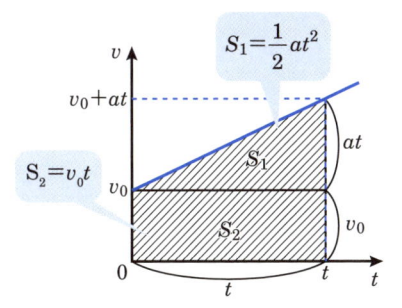

◆図 2-2-6　等加速度運動の変位 x と $v{-}t$ グラフの面積

　図 2-2-6 より，斜線部分の台形の面積は，

直角三角形の部分の面積：$S_1 = \dfrac{1}{2} \times t \times at = \dfrac{1}{2}at^2$

長方形の部分の面積：$S_2 = v_0 \times t = v_0 t$

∴台形の面積：$S = S_1 + S_2 = v_0 t + \dfrac{1}{2}at^2$

となり，前に求めた変位 x の式と一致します．

さらに，速度の平均値 $\bar{v}$ のグラフを描くと，平均値 $\bar{v}$ のグラフで囲まれた長方形の面積と，今求めた台形の面積 S が等しいこともわかるでしょう．

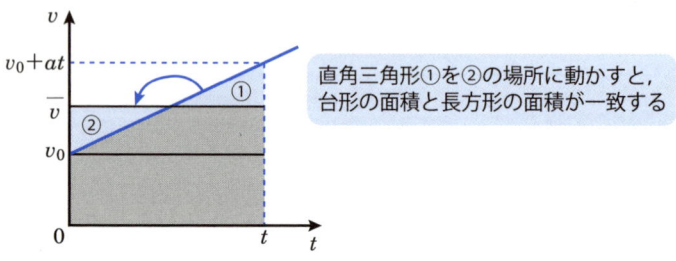

◆図 2-2-7　v–t グラフの面積

■ 速度と変位の関係式

速度の式 $v = v_0 + at$ と変位の式 $x = v_0 t + \dfrac{1}{2}at^2$ の二式から t を消去してまとめると，速度 v と変位 x の関係式が求められます．

では，この関係式を導いてみましょう．

$v = v_0 + at$ より $t = \dfrac{v - v_0}{a}$

これを，変位の式 $x = v_0 t + \dfrac{1}{2}at^2$ に代入すると，

$$\begin{aligned}
x &= v_0 \cdot \dfrac{v - v_0}{a} + \dfrac{1}{2}a\left(\dfrac{v - v_0}{a}\right)^2 \\
&= \dfrac{2v_0(v - v_0) + (v - v_0)^2}{2a} \\
&= \dfrac{2v_0 v - 2v_0^2 + v^2 - 2v_0 v + v_0^2}{2a} = \dfrac{v^2 - v_0^2}{2a}
\end{aligned}$$

したがって，

$v^2 - v_0^2 = 2ax$

となります.

速度と変位の関係式

$$v^2 - v_0^2 = 2ax$$

以上より,等加速度直線運動の三つの公式は次のようになります.

等加速度直線運動における公式

$$v = v_0 + at$$
$$x = v_0 t + \frac{1}{2}at^2$$
$$v^2 - v_0^2 = 2ax$$

練習問題 2-1

速さ10〔m/s〕で右向きに進んでいた物体が等加速度直線運動をし,3.0秒後に左向きに速さ5.0〔m/s〕になった.以下の問いに答えよ.

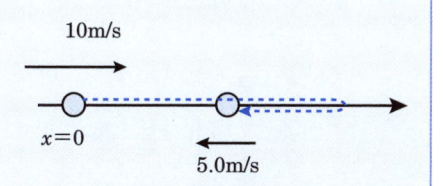

◆図 2-2-8　等加速度直線運動

(1) 加速度は,どちら向きに何 m/s² か.
(2) この物体が静止するのは,はじめの時刻から何秒後か.
(3) この物体が静止した位置は,はじめの位置からどちら向きに何 m のところか.
(4) この物体が再びはじめの位置に戻るのは,はじめの時刻から何秒後か.

解答

(1) 加速度 = $\dfrac{\text{速度変化}}{\text{時間}}$ より, $a = \dfrac{-5.0 - 10}{3.0} = \dfrac{-15}{3.0} = -5.0$

よって, 左向きに $5.0 \, [\text{m/s}^2]$

(2) この物体の初速度は $v_0 = 10 \, [\text{m/s}]$, 加速度は $a = -5.0 \, [\text{m/s}^2]$ なので, 等加速度直線運動の速度の式 $v = v_0 + at$ より, $v = 10 - 5.0t$

ここで, 物体が静止するときは $v = 0$ となるので,

$0 = 10 - 5.0t$ より $t = 2.0 \, [\text{s}]$ ∴ 2.0秒後

(3) 等加速度直線運動の変位の式より, $x = v_0 t + \dfrac{1}{2} at^2$

$x = 10 \times 2.0 + \dfrac{1}{2} \times (-5.0) \times 2.0^2 = 10$

したがって, はじめの位置から右向きに $10 \, [\text{m}]$ のところとなります.

(4) はじめの位置は $x = 0$ なので, $x = v_0 t + \dfrac{1}{2} at^2$ より,

$0 = 10t + \dfrac{1}{2} \times (-5.0) t^2$ $5t(t - 4) = 0$

$t \neq 0$ より, 4.0秒後となります.

練習問題 2-2

x 軸上を運動する質点があり, $t=0$ [s] から $t=7.0$ [s] までの速度が図 2-2-9 のように与えられているとき, 次の問いに答えよ.

(1) 次の各時刻における質点の加速度 a はそれぞれいくらか.

$t=1.0$ [s], 3.0 [s], 5.0 [s]

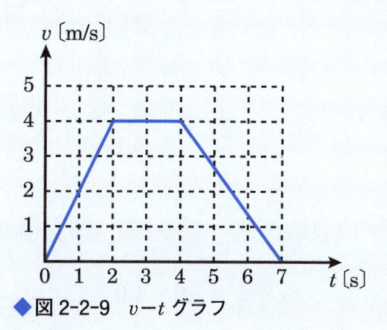

◆図 2-2-9　$v-t$ グラフ

(2) 次の各時刻の間における質点の移動距離はそれぞれいくらか.

ア：$t=0$ [s] から 2.0 [s] までの間

イ：$t=2.0$ [s] から 4.0 [s] までの間

ウ：$t=4.0$ [s] から 7.0 [s] までの間

エ：$t=0$ [s] から T [s] までの間（ただし，$2.0 \leq T \leq 4.0$ とする）

(3) (1), (2) の結果より, $a-t$ グラフおよび $x-t$ グラフを描け. ただし, $t=0$ [s] のときの質点の位置を $x=0$ [m] とする.

解答

$v-t$ グラフの問題なので, $v-t$ グラフの性質を使って解いていくのがポイントです. $v-t$ グラフの性質は **"傾き＝加速度"**, **"面積＝移動距離"** の二つです.

(1) $v-t$ グラフにおいて加速度はグラフの傾きなので,

$t=1.0$ の加速度は, $t=0$ から 2.0 までのグラフより

$$a = \frac{4.0-0}{2.0-0} = 2.0 \, [\text{m/s}^2]$$

$t=3.0$ の加速度は, $t=2.0$ から 4.0 までのグラフより $a=0$ [m/s^2]

$t=5.0$ の加速度は, $t=4.0$ から 7.0 までのグラフより

$$a = \frac{0-4.0}{7.0-4.0} = -1.33\cdots \fallingdotseq -1.3 \, [\text{m/s}^2]$$

※分子の部分の$(0-4.0)$は，変化後の速度から変化前の速度を引いていて，分母の部分の$(7.0-4.0)$は，変化後の時刻から変化前の時刻を引いています。

つまり，傾きは，$\dfrac{変化後の速度-変化前の速度}{変化後の時刻-変化前の時刻}$ で求めます。

(2) $v-t$ グラフにおいて移動距離は面積なので，

ア：$S_1 = \dfrac{1}{2} \times 2.0 \times 4.0 = 4.0 \,[\mathrm{m}]$

イ：$S_2 = 2.0 \times 4.0 = 8.0 \,[\mathrm{m}]$

ウ：$S_3 = \dfrac{1}{2} \times 3.0 \times 4.0 = 6.0 \,[\mathrm{m}]$

エ：$S_4 = 4.0 + 4.0 \times (T-2.0) = 4T-4 \,[\mathrm{m}]$

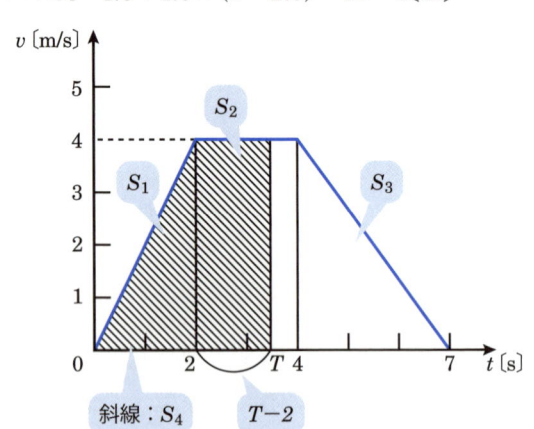

◆図2-2-10　$v-t$ グラフと面積

(3) まず(1)より，時間に対する加速度 $a\,[\mathrm{m/s^2}]$ は，次のようになります。

　$0 \leqq t \leqq 2.0$　　$a = 2.0$

　$2.0 \leqq t \leqq 4.0$　　$a = 0$

　$4.0 \leqq t \leqq 7.0$　　$a = -1.3$

以上より，$a-t$ グラフは図2-2-11のようになります。

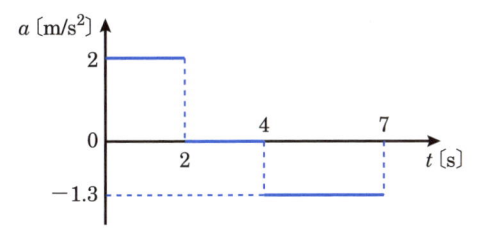

◆図 2-2-11　a–t グラフ

次に，x–t グラフは，(2)の結果より

$t = 2.0$ のときの位置は $x = 4.0$

$t = 4.0$ のときの位置は $x = 4.0 + 8.0 = 12.0$

$t = 7.0$ のときの位置は $x = 12.0 + 6.0 = 18.0$

したがって，各区間の端点となる上記の座標 $(t,\ x) = (2,\ 4)$，$(4,\ 12)$，$(7,\ 18)$ をまずグラフ中に描き，それらの点と点の間がどのような形のグラフで結ばれるかを考えます．

各区間におけるグラフの種類を調べると，

$0 \leq t \leq 2$：加速度が正の等加速度運動 $x = \dfrac{1}{2}a^2 t$ $\Rightarrow$ 下に凸の 2 次関数

$2 \leq t \leq 4$：$a = 0$ より等速度運動 $x = vt$ $\Rightarrow$ 1 次関数で直線的に変化

$4 \leq t \leq 7$：加速度が負の等加速度運動 $x = -\dfrac{1}{2}a^2 t$ $\Rightarrow$ 上に凸の 2 次関数

したがって，図 2-2-12 のようなグラフを描くことができます．

x–t グラフにおいては瞬間の速さは接線になるので，点で結ばれる二つの異なるグラフはなめらかに結ばれます．

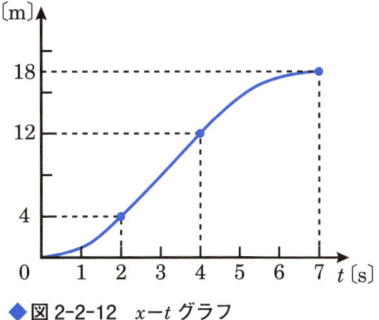

◆図 2-2-12　x–t グラフ

TOPICS

　v–t グラフにおいて面積が変位を示すことは，積分の考えから説明できます．等速直線運動において，変位は $x=vt$ で求めることができ，v–t グラフにおける長方形の面積が変位 x を示しました．

　しかし，等加速度直線運動のように，常に速度 v が変化する状況下では，$x=vt$ の式を直接用いて変位を求めることができません．ただし，平均の速度を用い，長方形の面積を求めることで，結果的に変位 x が求められました．また，この面積は，等加速度直線運動の場合に描かれる台形の面積と等しい，ということもわかりました．つまり，等加速度直線運動の変位 x も v–t グラフにおいて囲まれる面積を求めればよいということでした．

　さてここで，等加速度直線運動の変位 x が v–t グラフにおける台形の面積から求められる，ということを別の視点で考えてみましょう．

　図 2-2-13 に示すように，等加速度直線運動において v–t グラフで作られる台形を，細く切り刻んでいくと，細長い長方形の集まりと考えることができます．これらの細い長方形を端から端まで全部加えていけば台形の面積に近い値になります．つまり，時間 t を極めて短い微小時間 Δt に切り分け，それぞれの間において速度 v は一定として，等速直線運動と考えることで，その間の微小変位を長方形の面積 $\Delta x = v \Delta t$ で計算します．そして，これらをすべて加えていくことで，速度 v が変化しているときの変位を求めることができます．

　微小時間における微小変位 $\Delta x = v \Delta t$ は，図において一本の細い長方形の面積を示します．赤くぬりつぶした部分の長方形は $t=0$ における一番目の長方形から考えて，i 番目の長方形ということですが，このような長方形を 1 番目から最後の n 番目まですべて加えていけば，台形のおよその面積が求まるでしょう．これを式で表わすと，微小時間 Δt を Δt_i として，次のようになります．

$$\sum_{i=1}^{n} v(t_i) \Delta t$$

しかし，図 2-2-13 をよく見ると，直線と長方形の間に直角三角形の「わずかな隙間」があり，これが誤差となってしまいます．この誤差をなくすためには，長方形をもう少し細くすればよいわけです．つまり，もっと時間を細かく切り刻んで Δt を極めて 0 に近い値にすれば，この隙間は限りなく 0 になると考えることができます．

したがって，上記の式に極限値を示す lim をつけて $n \to \infty$ とすれば，長方形の数が限りなく多くなることで，長方形も限りなく細くなり，隙間はなくなります．このような考え方は積分です．変位 x は，積分を使うことにうよって求めることができ，次のような式で示されます．

$$x(t) = \lim_{n \to \infty} \sum_{i=1}^{n} v(t_i) \Delta t = \int_0^t v(t) dt$$

等加速度直線運動のように，速度が変化する場合でも，変位を求めるときは，$v - t$ グラフの面積を求めればよいことがわかります．

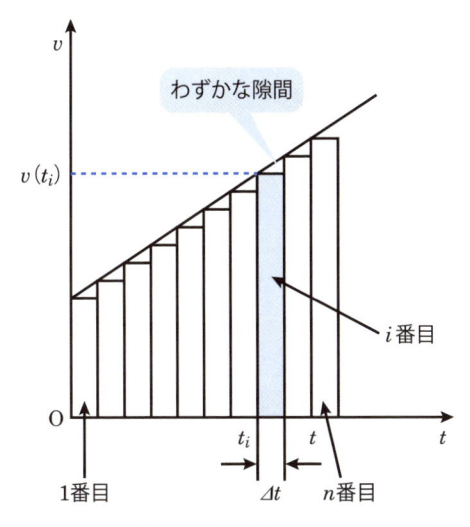

◆図 2-2-13　等加速度直線運動する物体の v–t グラフ

2.3 重力による運動

2.3.1 • 重力加速度

　物体を高いところに持ち上げて手を離すと，物体は地球から重力を常に受けながら落下し，地面に向かって加速していきます．このとき，どのくらいの割合で加速していくのかということを調べるために，各時間における落下速度を測定したところ，空気抵抗が無視できる場合には，物体の質量に関係なく，1秒間に 9.8 [m/s] ずつ加速していくことがわかりました．つまり，落下運動における加速度は 9.8 [m/s^2] であり，これを重力加速度といいます．この様子を再現すると，物体は図 2-3-1 のように落下します．

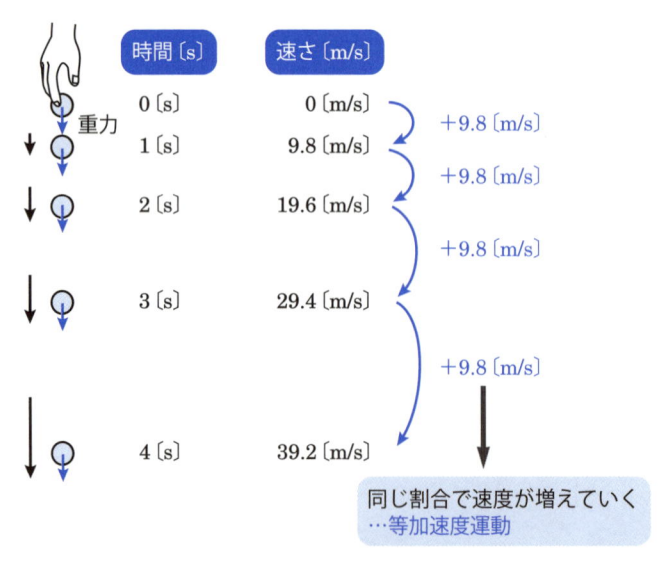

時間 [s]	速さ [m/s]
0 [s]	0 [m/s]
1 [s]	9.8 [m/s]
2 [s]	19.6 [m/s]
3 [s]	29.4 [m/s]
4 [s]	39.2 [m/s]

+9.8 [m/s]
+9.8 [m/s]
+9.8 [m/s]
+9.8 [m/s]

同じ割合で速度が増えていく
…等加速度運動

◆図 2-3-1　落下運動における物体の速度変化

◆図 2-3-2　重力と重力加速度

> **重力加速度**
> 重力加速度　$g = 9.8 \, [\text{m/s}^2]$
> 向き：地球の中心方向

なお，重力は，若干地球の自転による遠心力の影響を受け，場所によって異なる値となりますが，一番影響が大きな赤道上でも微々たる差なので，その影響は考えないものとして扱われます．

2.3.2 ● 直線上の運動

■ 自由落下

物体を高いところに持ち上げ，静かに離して落下させることを自由落下といいます．この場合，初速度が 0 で，加速度が g の等加速度直線運動をします．このとき成り立つ式は，等加速度直線運動の式で，初速度 $v_0 = 0$，加速度 $a \to g$ に置き換えると，次のように求まります．

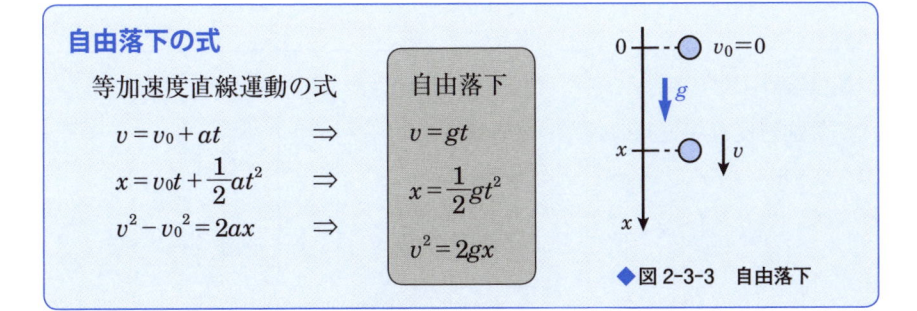

> **自由落下の式**
>
> 等加速度直線運動の式
>
> $v = v_0 + at$　⇒
> $x = v_0 t + \dfrac{1}{2} a t^2$　⇒
> $v^2 - v_0^2 = 2ax$　⇒
>
> 自由落下
>
> $v = gt$
> $x = \dfrac{1}{2} g t^2$
> $v^2 = 2gx$

◆図 2-3-3　自由落下

■ 鉛直投げ下ろし

物体を高いところに持ち上げ，初速度をつけて，鉛直下向きに落下させることを<u>鉛直投げ下ろし</u>といいます．このとき成り立つ式は，等加速度直線運動の式で，加速度を $a \to g$ に置き換えると，次のように求まります．

鉛直投げ下ろしの式

等加速度直線運動の式

$v = v_0 + at$ $\Rightarrow$

$x = v_0 t + \dfrac{1}{2} a t^2$ $\Rightarrow$

$v^2 - v_0^2 = 2ax$ $\Rightarrow$

鉛直投げ下ろし

$v = v_0 + gt$

$x = v_0 t + \dfrac{1}{2} g t^2$

$v^2 - v_0^2 = 2gx$

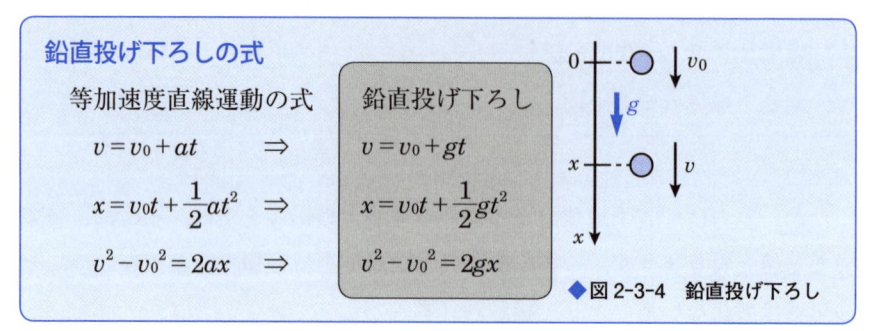

◆図 2-3-4　鉛直投げ下ろし

自由落下では，初速度 $v_0 = 0$ でしたが，投げ下ろしでは，初速度が存在するのが違うところです．

■ 鉛直投げ上げ

<u>鉛直投げ上げ</u>は，自由落下や鉛直投げ下ろしのような下向きの運動と違って，鉛直上向きに初速度をつけて投げ上げることです．したがって，初速度 v_0 が重力加速度 g と逆向きになっています．このとき成り立つ式は，等加速度直線運動の式で，加速度を $a \to -g$ に置き換えると，次のように求まります．

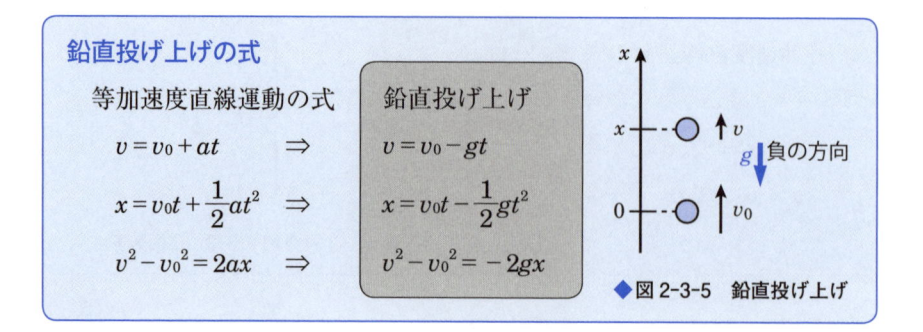

鉛直投げ上げの式

等加速度直線運動の式

$v = v_0 + at$ $\Rightarrow$

$x = v_0 t + \dfrac{1}{2} a t^2$ $\Rightarrow$

$v^2 - v_0^2 = 2ax$ $\Rightarrow$

鉛直投げ上げ

$v = v_0 - gt$

$x = v_0 t - \dfrac{1}{2} g t^2$

$v^2 - v_0^2 = -2gx$

◆図 2-3-5　鉛直投げ上げ

練習問題 2-3

初速度 v_0 で鉛直上方に投げられた小球について，次の各問いに答えよ．ただし，鉛直上向きを正とし，重力加速度の大きさを g とする．

(1) 小球が最高点に達するまでの時間 t_1 を求めよ．
(2) 最高点の高さ H を求めよ．
(3) はじめの位置に戻ってくるまでの時間 t_2 を求めよ．
(4) はじめの位置に戻ってきたときの速度を求めよ．
(5) 投げ上げてから戻ってくるまでの v–t グラフを描け．

解答

(1) 投げ上げの速度の式 $v = v_0 - gt$ より，**最高点では $v=0$ なので**，このときの時間を t_1 とすると，

$$0 = v_0 - gt_1 \text{ より，} t_1 = \frac{v_0}{g}$$

(2) 時間が t_1 のとき，物体は最高点の高さ H に達するので，投げ上げの高さの式 $x = v_0 t - \frac{1}{2}gt^2$ より，この式に $x=H, t=t_1=\frac{v_0}{g}$ を代入して，

$$H = v_0 t_1 - \frac{1}{2}g t_1^2 = v_0 \cdot \frac{v_0}{g} - \frac{1}{2}g\left(\frac{v_0}{g}\right)^2 = \frac{v_0^2}{2g}$$

(3) はじめの位置に戻ってくるのは高さが 0 のときなので，$x = v_0 t - \frac{1}{2}gt^2$ の式において，**$x=0$** とします．

$v_0 t - \frac{1}{2}gt^2 = 0$ より，

$t\left(v_0 - \frac{1}{2}gt\right) = 0$

したがって，$t=0$，または，$v_0 - \frac{1}{2}gt = 0$ より，$t = \frac{2v_0}{g}$ が求まります．

ここで $t_2 \neq 0$ より，$t_2 = \frac{2v_0}{g}$

この解答から，$t_2 = 2t_1$ より，**着地までの時間は最高点までの時間の2倍**であることがわかります．

(4) 速度の式 $v = v_0 - gt$ より，はじめの位置に戻ってきた時間 t_2 なので，
$$v = v_0 - gt_2 = v_0 - g \cdot \frac{2v_0}{g} = -v_0$$
なお，速度は負なので**下向きに速さ v_0** を表しています．

(5) 時間 t に対する速度 v の式 $v = v_0 - gt$ より，傾き $-g$，切片 v_0 から v–t グラフは次のように描くことができます．

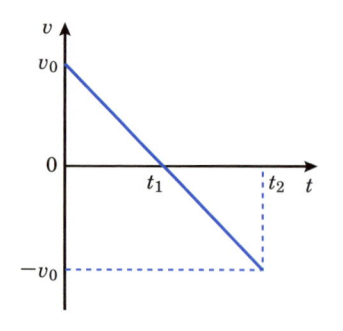

◆図2-3-6 鉛直投げ上げの $v - t$ グラフ

2.3.3 ● 平面内の運動

ここで考える平面内の運動には，**水平投射**と**斜方投射**があります．これらは，2.3.2で解説した一直線上の運動とは違って，平面内において放物線を描きながら運動するため，運動方向は水平方向（x 方向）と鉛直方向（y 方向）の2方向を考えることになり，少々複雑になります．しかし，運動を水平方向と鉛直方向の2方向に分けて，それぞれ一直線上の運動として考えていくとイメージしやすくなります．

■ **水平投射**
物体をある高さから水平方向に投げることを水平投射といい，このとき投

げられた物体が描く軌跡は放物線となります．水平投射の運動を分析する場合は，水平方向である x 方向と鉛直方向である y 方向に分けて，運動を考えます．

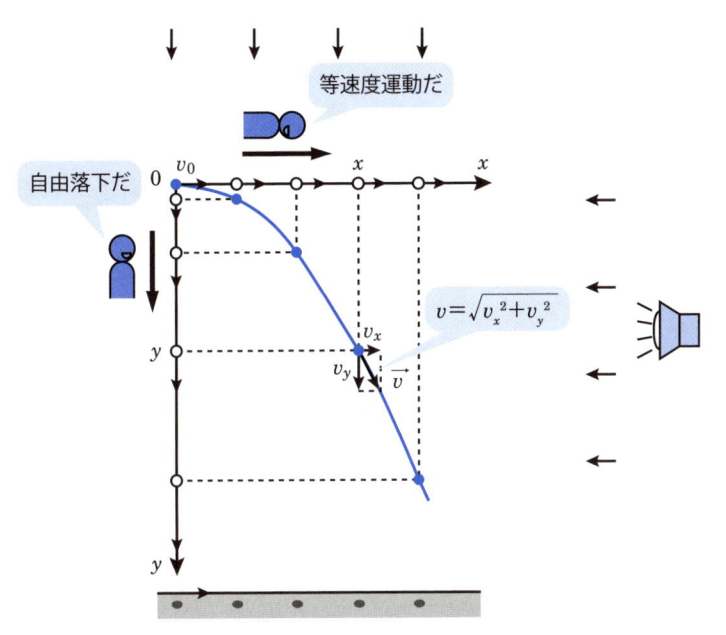

◆図 2-3-7　水平投射

①水平方向について

投射後，物体は水平方向に力を受けないため，等速直線運動と同じ運動をすると考えられます．速度は初速度 v_0 を保っています．水平投射されて運動している物体を上からライトで照らして，地面に映った物体の影の運動を頭の中でイメージするとよいでしょう．以上から，次のことがわかります．

　　水平方向：等速度運動 $\Rightarrow$ 力が働いていないため加速度が 0
　　　速度：$v_x = v_0$（常に一定）
　　　位置：$x = v_0 t$

②鉛直方向について

　鉛直方向の場合，初速度 0 で重力を受けながら運動するので，自由落下と同じ運動，つまり，等加速度運動をします．運動している物体を横からライトで照らして，壁に映に映った影の運動を頭の中でイメージするとよいでしょう．以上から，次のことがわかります．

　　鉛直方向（下向きを正とする）：自由落下

$$\Rightarrow 重力加速度 g の等加速度運動$$

　　　速度：$v_y = gt$
　　　位置：$y = \dfrac{1}{2}gt^2$

　また，t 秒後の物体の速さは $v = \sqrt{v_x{}^2 + v_y{}^2}$（速度の x 成分と y 成分の合成）と求まります．

③軌跡の式

　物体が描く軌跡の式は，水平方向と鉛直方向の位置の式 $x = v_0 t$，$y = \dfrac{1}{2}gt^2$ の 2 式から t を消去して，

$$y = \dfrac{1}{2}g\left(\dfrac{x}{v_0}\right)^2 = \dfrac{g}{2v_0{}^2}x^2$$

と，2 次関数の形で求められます．この式から，**水平投射された物体の軌跡は原点を通る放物線**であることがわかります．

■ 斜方投射

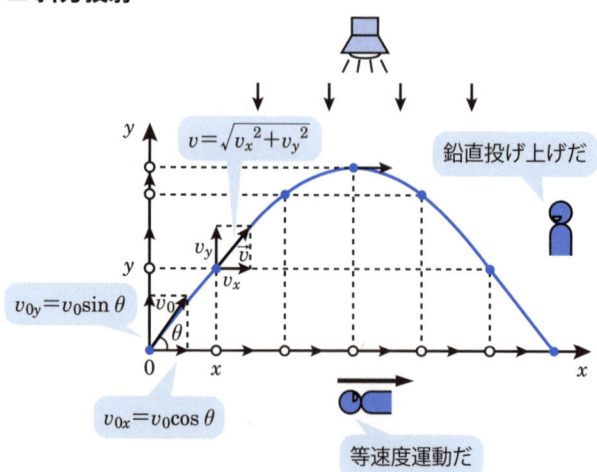

◆図 2-3-8　斜方投射

物体を地面からある角度で斜め上方に投げ上げることを**斜方投射**といいます．たとえば，野球でバッターが打ったボールが放物線を描きながらスタンドに飛び込むときなど，だいたい斜方投射となります．斜方投射の場合も，水平投射と同様，水平方向と鉛直方向に分けて運動を考えるのがポイントです．まずは，初速度 v_0 を成分分解しておきましょう．

初速度 v_0 の成分は，次のようになります．

x 成分：$v_{0x} = v_0 \cos\theta$

y 成分：$v_{0y} = v_0 \sin\theta$

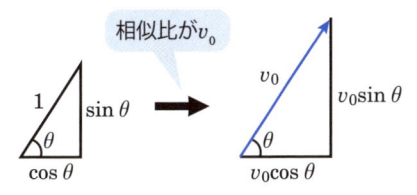

◆図 2-3-9 初速度 v_0 の成分分解

①水平方向について

投げ上げられてから空中を飛んでいる間は，物体に対して水平方向の力は働かないので，水平方向については等速直線運動と同じ動きをします．つまり，速度の x 成分 v_x は常に一定で，座標 x は速度"$v_x \times$時間"で表されます．

速度：$v_x = v_0 \cos\theta$

位置：$x = v_0 \cos\theta \cdot t$

②鉛直方向について

物体は運動中，鉛直下向きに一定の大きさの重力を受けるため，等加速度運動をします．鉛直方向に関しては，初速度 $v_0 \sin\theta$ で投げ上げるので，鉛直投げ上げする場合と同じように考えることができます．

速度：$v_y = v_0\sin\theta - gt$

位置：$y = v_0\sin\theta \cdot t - \dfrac{1}{2}\cdot gt^2$

t 秒後の物体の速さは
$v = \sqrt{v_x^2 + v_y^2}$

③軌跡の式

変位 x, y の式から t を消去すると，軌跡の式は次のように求まります．

$x = v_0\cos\theta \cdot t \quad \cdots ①$

$y = v_0\sin\theta \cdot t - \dfrac{1}{2}gt^2 \quad \cdots ②$

上記の式において，①より，

$t = \dfrac{x}{v_0\cos\theta}$

これを②に代入して，

$y = v_0\sin\theta \cdot \dfrac{x}{v_0\cos\theta} - \dfrac{1}{2}g\left(\dfrac{x}{v_0\cos\theta}\right)^2$

$ = \tan\theta \cdot x - \dfrac{g}{2v_0^2\cos^2\theta}x^2$

したがって，2 次関数の上に凸の放物線となることがわかります．

練習問題 2-4

ある物体を初速度 v_0，水平面に対して角度 θ で投げ上げたときの運動について，次の値を求めよ．なお，重力加速度の大きさは g とする．

(1) 最高点到達時間 t_1
(2) 最高点の高さ H
(3) 着地までの時間 t_2
(4) 水平到達距離 L
(5) 水平到達距離 L が最大になる θ

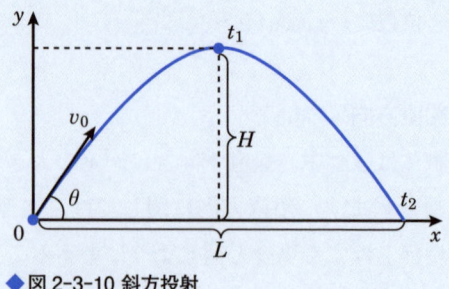

◆図 2-3-10 斜方投射

解 答

斜方投射において，t 秒後の速度と位置を表す式を水平・鉛直それぞれの方向について表すと，次のようになる．

・水平方向

　　速度：$v_x = v_0 \cos\theta$ 　　…①

　　位置：$x = v_0 \cos\theta \cdot t$ 　　…②

・鉛直方向

　　速度：$v_y = v_0 \sin\theta - gt$ 　　…③

　　位置：$y = v_0 \sin\theta \cdot t - \dfrac{1}{2}gt^2$ 　…④

(1) **最高点では速度の y 成分が 0 になる**ことから，

$$0 = v_0 \sin\theta - gt \qquad \therefore t = \dfrac{v_0 \sin\theta}{g}$$

(2) $t_1 = \dfrac{v_0 \sin\theta}{g}$ を④に代入して，

$$H = y = v_0 \sin\theta \cdot \dfrac{v_0 \sin\theta}{g} - \dfrac{1}{2}g\left(\dfrac{v_0 \sin\theta}{g}\right)^2 = \dfrac{v_0^2 \sin^2\theta}{2g}$$

(3) 着地時において $y = 0$ が成り立つので，④より，

$$0 = v_0 \sin\theta \cdot t - \dfrac{1}{2}gt^2 \text{ より，} \quad t\left(v_0 \sin\theta - \dfrac{1}{2}gt\right) = 0$$

これを解くと，$t = 0, \dfrac{2v_0 \sin\theta}{g}$ となることから，$t_2 \neq 0$ より，

$$t_2 = \dfrac{2v_0 \sin\theta}{g} \quad (t_2 = 2t_1)$$

(4) 水平方向の運動は等速直線運動だから，

$$L = \underbrace{v_0 \cos\theta}_{\text{速さ}} \cdot \underbrace{t_2}_{\text{時間}} = v_0 \cos\theta \cdot \dfrac{2v_0 \sin\theta}{g}$$

$$= \frac{2v_0{}^2 \sin\theta \cos\theta}{g} = \frac{v_0{}^2 \sin 2\theta}{g} \quad \leftarrow 2\sin\theta\cos\theta = \sin 2\theta$$

(5) $L = \dfrac{v_0{}^2 \sin 2\theta}{g}$ より，L が最大になるとき，$\sin 2\theta$ も最大になる．

$\sin 2\theta$ の最大値は 1 なので，$\sin 2\theta = 1$

このとき，$2\theta = 90°$ となるから，$\theta = 45°$

TOPICS

　鉛直投げ上げにおける速度の式 $v=v_0-gt$ の式についてもう少し深く考えてみましょう．この式の時間 t に $t=0, 1, 2, 3, \cdots$ と代入してみます．

$\quad t=0 \Rightarrow v=v_0$

$\quad t=1 \Rightarrow v=v_0-g$

$\quad t=2 \Rightarrow v=v_0-2g$

$\quad t=3 \Rightarrow v=v_0-3g$

$\qquad\qquad \vdots$

　v の式を見ると，v_0 から g が 1 秒間に一つずつ減っていくことがわかります．そして，時間が経過していくと $v=0$ になり，そのとき物体は，最高点に達しているということになります．これは，はじめに持っていた速度 v_0 から，1 秒ごとに g が引かれていき，v_0 がなくなってしまい，速度が 0 になるということです．

　これを銀行の預金に例えてみます．入金することなしに預金 v_0 円から毎日少しずつお金 g 円をおろしていくと，やがては底をついて残高がゼロになってしまうということと同じでしょう．このような状態が，投げ上げの場合において，物体が最高点に達したときです．

　では，初速度 v_0 の正体は一体何だろうか？　と考えてみますと，実は "重力加速度 g の集まり" であると考えることができるでしょう．たとえば，v_0 というお菓子の大きな箱のふたを開けたら，g というお饅頭がたくさん入っていて，それを 1 秒間に 1 個ずつたべていくようなもの…と考えることもできます．

第2章　等加速度運動

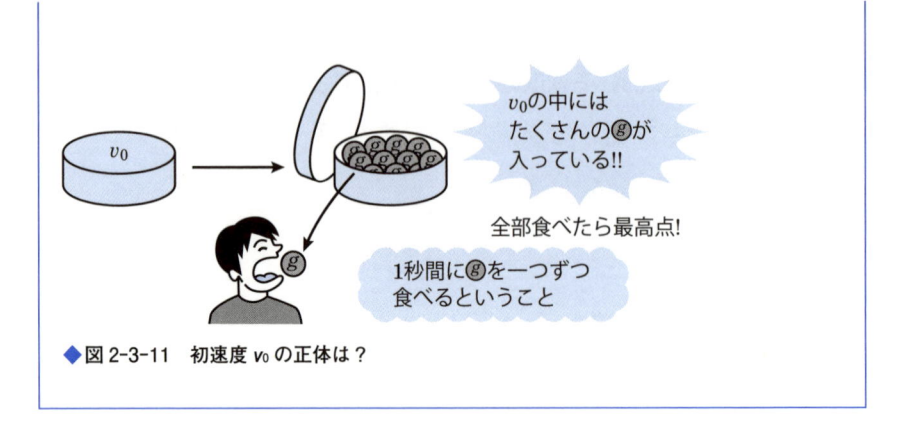

◆図 2-3-11　初速度 v_0 の正体は？

第3章

力の働き

> **ポイント**
>
> 　本章では，物体の運動状態を決める大切な物理量である「力」が登場します．主なテーマとして，力のつり合いや作用反作用の法則，摩擦力などを扱います．物体にどのような種類の力が働くのか？そして，その力はどこからもらい，どちら向きに働いているのか？　など，これらを知ることは，物体の運動状態を調べる際にとても大切なことになります．物体の状態を調べる第一歩として，物体に働いている力を自分で見つけられるようになりましょう．そのためのコツやポイントなどを説明していきます．

第3章 力の働き

3.1 物体に働く力

3.1.1 • 力の種類

力にはたくさんの種類がありますが，物理によく登場する重要な力として，まず，重力・垂直抗力・張力・弾性力・摩擦力の五つの力を押えておきましょう．これらの力はどこからもらい，どの向きに働くのかを考えてみましょう．

■ 重力（gravity）

重力とは，物体が地球からもらう力で，鉛直下向きに働きます．また，質量 m〔kg〕の物体に働く重力の大きさは，重力加速度を g〔m/s^2〕として，mg〔N〕となります（詳細は，5.4.2 を参照）．

■ 垂直抗力（normal force）

垂直抗力とは，物体が接触面からもらう力で，接触面に対し垂直方向に働きます．

■ 張力（tension）

張力とは，物体が張った糸からもらう力で，張った糸と平行な向きに働きます．

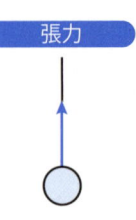

3-1 ■ 物体に働く力

■ ばねの弾性力（elastic force）

弾性力とは，物体が**伸びた（縮んだ）ばねから**もらう力で，ばねと平行な向きに働きます．

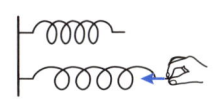

ばねの弾性力

■ 摩擦力（friction）

摩擦力とは，物体が**接触部分から**もらう力で，主に，接触面と平行で，運動を妨げる向きに働きます．

摩擦力

ロック！

◆図 3-1-1　物体に働く力

3.1.2 ● 力の表し方

力は，「大きさ」と「向き」をもつベクトル量であり，矢印で表します．力を記号で表す際には，主に Force（力）の頭文字である F や f が用いられます．また，力の単位は〔N〕（ニュートン）や〔kgw〕（キログラム重）などがありますが，主として〔N〕が用いられます．

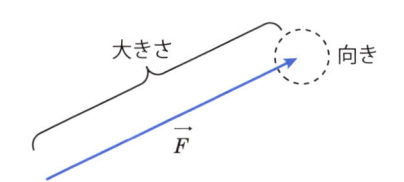

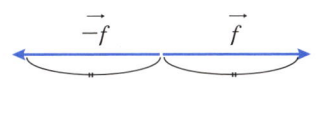

◆図 3-1-2　力の表し方　ベクトル表示

3.1.3 ● 物体に働く力の見つけ方

たとえば，床の上で静止している物体は，当然ながら生き物ではないので，自然には動き出しません．物体を動かすには，外部から力（外力）を加える必要があります．つまり，物体が静止状態から**運動するためににには力が必要**ということです．したがって，物体に着目し，どのような力が働いているかを見つけることができれば，その物体の運動状態がわかります．

第3章　力の働き

では，私たちは，物体に働く力をどのようにして見つけていけばよいのでしょうか．

■ **重力と接触力**

物体には大きく分けて，2種類の力が働くと考えます．すなわち，**重力**と**接触力**です．

重　力	物体どうしが離れていても働く力：重力，万有引力，静電気力，磁力など
接触力	接触している部分からもらう力

重力のように物体どうしが"離れていても働く力"を場の力と呼びます．たとえば，地球から離れても物体には重力が働いています．場の力とは，相手と離れていてもその場にいれば働く力であり，私たちも重力が働く重力場の中で生活しています．場の力には，重力の他にクーロン力（静電気力）や磁力などがありますが，これらは必要に応じて登場させましょう．力学の基礎範囲では，「場の力は重力」と考えればよいでしょう．

一方，接触力というのは，接触して働く力，つまり，"くっついて働く力"です．物体が何かと接触すれば，接触部分から力を**もらう**ことになります．私たちは人と強くぶつかっとときは痛みを感じますが，それは，ぶつかった相手から接触部分を通して力をもらっているからです．このとき働いている力が接触力です．接触力には，重力以外の垂直抗力，張力，弾性力，摩擦力など，場の力以外のものが含まれます．

■ **力の矢印の描き方 3 ステップ**

図 3-1-3 のように，ひもにつるされたおもりに力の矢印を描き入れてみましょう．力の矢印（ベクトル）は，次の三つのステップで考えていけば，正確に描くことができます．

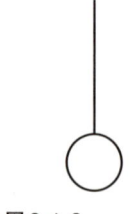

◆図 3-1-3
ひもにつるされたおもり

ステップ①　物体に着目し，色をつける

　まずは着目する物体に色をつけます．おもりに色をぬりましょう．そうすれば，これから力を描き入れる物体がまわりに比べて目立って見えるので考えやすくなります．

◆図 3-1-4
着目する物体に色をつける

ステップ②　重力を描く

　物体が存在する場所は主に地球上なので，重力は必ず働くでしょう．まず，重力を示す矢印を一番はじめに描きます．物体が落下するときに下向きに働く力が重力ですから，矢印はおもりの中心から鉛直下向きに描きましょう．

◆図 3-1-5　重力を描く

ステップ③　接触力を描く

　次に，接触力を描きます．まず，物体が外部と接触している部分を見つけましょう．物体を手でなで回す感覚で探していきます．接触部分があればそこで「コツン！」とぶつかるはずです．

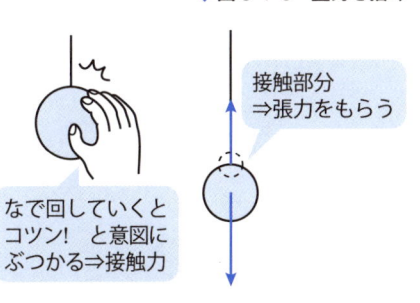

◆図 3-1-6　接触力を描く

　接触部分が見つかったら，物体はそこから力をもらっているということになります．また，力の矢印は**力をもらう方向**に描きます．この場合は，おもりが糸から上向きに引っ張られているので，おもりが糸からもらう力は鉛直上向きとなります．力の矢印はおもりと糸との接触部分から鉛直上向きに描きましょう．

　このように，物体に働く力は「重力」と「接触力」を考えていきます．なお，物体に働く力（外力）は次のように分類されるので，覚えておきましょう．

第3章 力の働き

外力の分類

物体に働く力（外力）
- 場の力：重力，クーロン力，磁力，万有引力など
- 接触力
  - 張力（糸の張力，ばねの弾性力など）
  - 抗力
    - 滑らかな面：垂直抗力のみ
    - 粗い面　　：垂直抗力と摩擦力

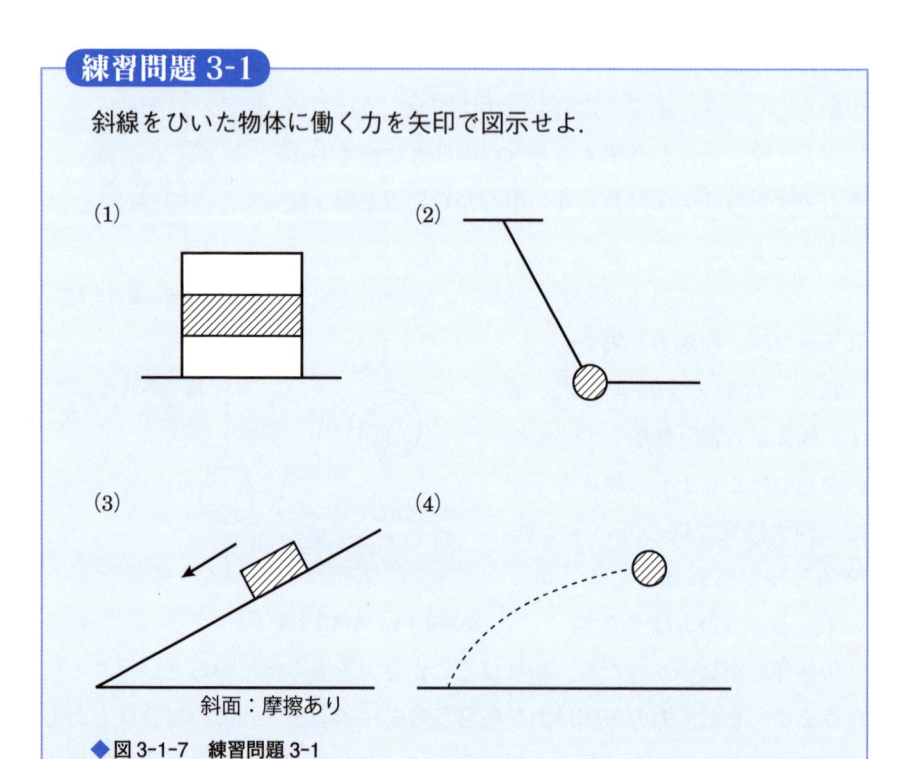

練習問題 3-1

斜線をひいた物体に働く力を矢印で図示せよ．

(1)

(2)

(3) 斜面：摩擦あり

(4)

◆図 3-1-7　練習問題 3-1

解説

物体に働く力の関係式を立てるには，まず物体に働く力をすべて正確に探し出すことが絶対に必要です．力にはいろいろな種類があって，すべて見つけ出すのは大変だと思うかもしれませんが，前述のとおり「重力」と「接触力」の2種類だけなので，そう困難ではありません．

具体的に，どのように力を見つけていくかは，先に説明した3ステップの方法で考えれば，正確に力の矢印を描くことができます．

なお，物体が二つ積み重なっていたり，二つのおもりが滑車を通した糸で結ばれていたりするような，物体が複数登場する場合を考えるときは，一つの物体のみに着目し，そこに働く力を考えていくのが基本です．

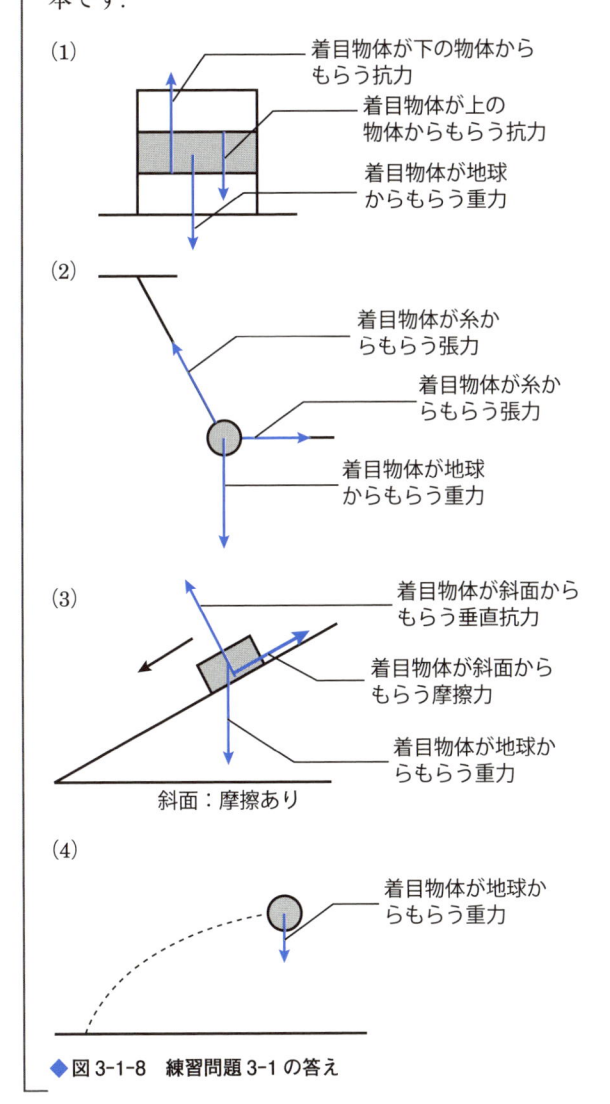

(1)
- 着目物体が下の物体からもらう抗力
- 着目物体が上の物体からもらう抗力
- 着目物体が地球からもらう重力

(2)
- 着目物体が糸からもらう張力
- 着目物体が糸からもらう張力
- 着目物体が地球からもらう重力

(3)
- 着目物体が斜面からもらう垂直抗力
- 着目物体が斜面からもらう摩擦力
- 着目物体が地球からもらう重力

斜面：摩擦あり

(4)
- 着目物体が地球からもらう重力

◆図3-1-8　練習問題3-1の答え

3.2 力のつり合い

3.2.1 • 2力のつり合い

　力のつり合い状態とは，かんたんにいえば，力の「引き分け」状態です．たとえば，図3-2-1のように，AさんとBさんがF_1，F_2という左右逆向きの力で引っ張り合ったとしましょう．このとき物体が動かずに静止していたとしたら，AさんとBさんの力は引き分け，つまり，つり合いが成り立っているということです．このとき，力のつり合いの式は「$F_1=F_2$」となります．

　また，図3-2-2では，パラシュートでゆっくりと等速で人間が降下しています．この場合も，つり合いは成り立っています．このとき人とパラシュートに働く重力Wとパラシュートの浮力Fにおいて，「$F=W$」が成り立っています．

　つり合いの例としてはこうしたものが挙げられますが，力のつり合いが成り立つときの物体の状態は，**静止だけではなく，等速運動の場合もある**ということを頭に入れておきましょう．

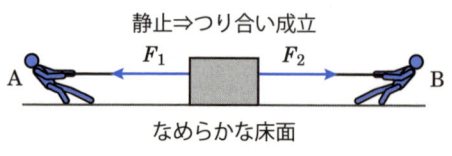

◆図3-2-1　なめらかな床面におけるつり合い

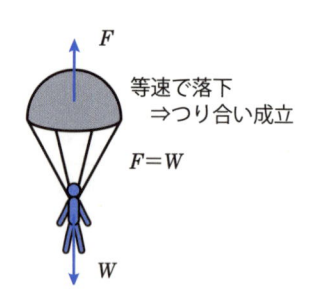

◆図3-2-2　パラシュートで等速で降下する人

つり合いの状態

力のつり合いが成り立つ物体の状態は，"静止"または"等速直線運動"である．

3.2.2 • 2 つり合いの式をたてよう

図3-2-3に示す，ばねにつり下げられて，静止しているおもりについて，つり合いの式を立ててみましょう．つり合いの式をはじめとする力の関係式を立てるには，まずは第2章で学んだとおり，物体に働く力を正確に探し出す必要があります．また，力の見つけ方は3.1.3で学習した3ステップを用います．

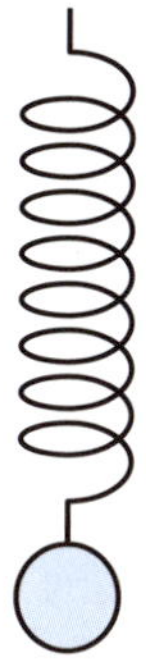

◆図 3-2-3 ばねにつり下げられたおもり

物体に働く力の見つけ方（復習）

ステップ①：物体に着目し，色をつける

ステップ②：重力を描く

ステップ③：接触力を描く

まずおもりに着目し，色をつけます（ステップ①）．そして，重力を描きます（ステップ②）．重力は鉛直下向きに W としましょう．そして，次に接触力を描きますが（ステップ③），おもりは，ばねとの接触部分から力をもらっているので，おもりとばねの接触部分に着目し，そこに力の矢印を描きます．

この際，力の矢印の向きはどちらかを考えなければなりませんが，おもりが外部から**もらう力**という点に着目し向きを決めます．すると，伸びた状態のばねは縮もうとするからおもりは，鉛直上向きに引っ張られていることが

わかります．したがって，もらう力の矢印は鉛直上向きです．なお，ばねからの力は**弾性力**といい，これを F とおきます．

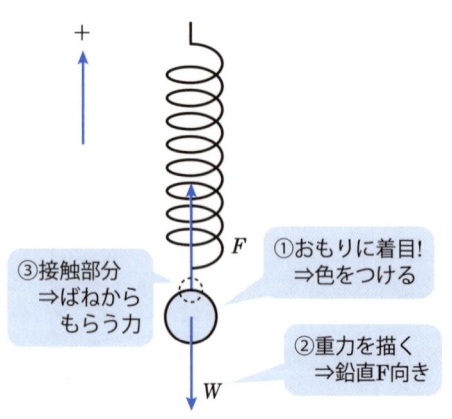

◆図 3-2-4　物体に働く力の見つけ方の 3 ステップ

　力をすべて描き込んだら，つり合いの式を立ててみましょう．図 3-2-4 より，おもりにおけるつり合いの式は，F と W が逆向きで力の大きさが等しいと考えて，

　　$F = W$

となります．これでつり合いの式のでき上がりです．また，つり合いの式は，変形することで，

　　$F + (-W) = 0$

とも表すことができます．

　鉛直上向きを正の方向とすると，ばねの弾性力 F は鉛直上向きなので"$+F$"となり，重力 W は鉛直下向きなので"$-W$"となります．そして，これら二つの力の和を 0（合力＝0）としてもつり合いの関係式を表すことができます．これは，力をベクトルとして扱った場合です．力が逆向きで大きさが等しいのですから，和をとると互いに打ち消し合って 0 になると考えれば自然でしょう．

　また，ここから発展させて，物体に複数の力があらゆる方向に働く場合のつり合いの条件も考えられます．あらゆる方向に力が働く場合のつり合い

は，力のベクトル和が0という式で成り立ちます．つまり，向きの違う $\vec{F_1}$, $\vec{F_2}$, $\vec{F_3}$, $\vec{F_4}$ … などの力におけるつり合いの式は，

$$\vec{F_1} + \vec{F_2} + \vec{F_3} + \vec{F_4} + \cdots = 0$$

となります．

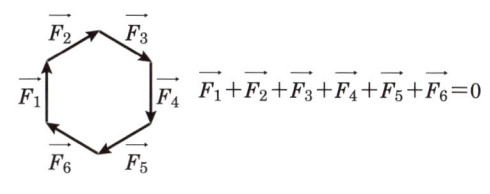

◆図 3-2-5　つり合いの式

$$\vec{F_1} + \vec{F_2} + \vec{F_3} + \vec{F_4} + \vec{F_5} + \vec{F_6} = 0$$

2力におけるつり合いの式の表し方

$F = W$：2力が逆向きで大きさが等しい ⇒ 方法1

⬇

$F + (-W) = 0$：正負の力を考えて，合力 = 0 とする ⇒ 方法2

一直線上におけるつり合いの式のたて方

1. 物体に働く力を見つける（力の見つけ方の3ステップ）
2. つり合いの式を立てる
   方法1：それぞれ同じ方向の力の大きさの和をとり，等号（=）で結ぶ
   方法2：正負の力を考えて，物体に働くすべての力の和を0とおく

練習問題 3-2

物体を床に置き，ばねを取り付け，鉛直上方に引っ張り自然の長さよりも伸ばした．このとき，物体は床の上に静止していたとする．ばねの弾性力を F，物体に働く重力を W，床からの垂直抗力を N としたとき，これら三つの力の関係式を求めよ．

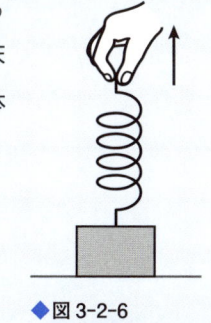

◆図 3-2-6
練習問題 3-2

解答

　物体に着目し，力を見つけて矢印を描き入れていきます．まず，重力 W を鉛直下向きに描きましょう．次に，物体に働く接触力を探します．物体との接触部分は，物体下面と床の接触面とばねと物体上面の接続部分です．物体は，床との接触面からは鉛直上向きに垂直抗力 N をもらい，ばねとの接続部分からは，ばねの弾性力をもらいます．ばねは自然の長さよりも伸びている状態なので，ばねが縮む方向，つまり，物体は鉛直上向きにばねから力をもらうことになります．

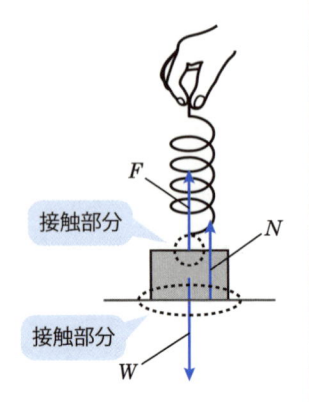

◆図 3-2-7
練習問題 3-2　物体に働く力

　したがって，物体に働く力の矢印は図 3-2-7 のようになり，
　　鉛直上向きの力の和：$N+F$
　　鉛直下向きの力：W
となることから，物体のつり合いより，求める関係式は，
　　$N+F=W$
となります．

3.3 力の合成・分解

3.3.1 ● 力の合成

■ 2力が平行ではない場合

図 3-3-1 のように，静止している物体に 2 本のロープを付けて力 $\vec{F_1}$，$\vec{F_2}$ を加えたとすると，物体が動き出す方向は $\vec{F_1}$ と $\vec{F_2}$ を辺とした平行四辺形の対角線の $\vec{F}$ の方向に動き出します．つまり，力も速度と同様にベクトルの性質から，合成することができ，$\vec{F_1}$ と $\vec{F_2}$ を合成した合力は，図 3-3-1 の対角線の $\vec{F}$ となります．

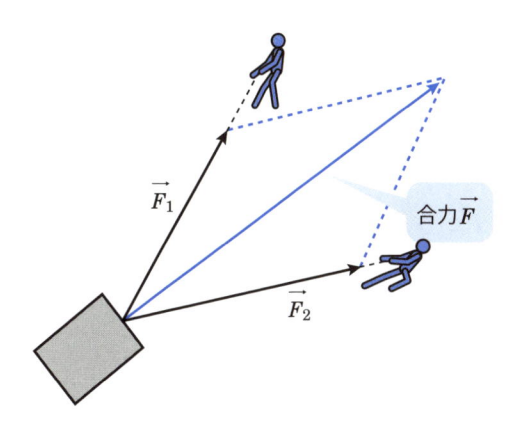

◆図 3-3-1 平行ではない 2 力の合力

> **合力の式**
> $\vec{F_1}$ と $\vec{F_2}$ の合力 $\vec{F}$ は，次の式により求められる．
> $$\vec{F} = \vec{F_1} + \vec{F_2}$$

$\vec{F_1}$ の x 成分,y 成分を F_{1x},F_{1y} とし,$\vec{F_2}$ の x 成分,y 成分を F_{2x},F_{2y} とすると,

$$\vec{F_1} = (F_{1x}, F_{1y}),\ \vec{F_2} = (F_{2x}, F_{2y})$$

となり,合力は,

$$\vec{F} = \vec{F_1} + \vec{F_2} = (F_{1x}, F_{1y}) + (F_{2x}, F_{2y}) = (F_{1x} + F_{2x}, F_{1y} + F_{2y})$$

また,$\vec{F} = (F_x, F_y)$ より,

$$F_x = F_{1x} + F_{2x},\ F_y = F_{1y} + F_{2y}$$

と表されます.これを図で表すと次のようになります.

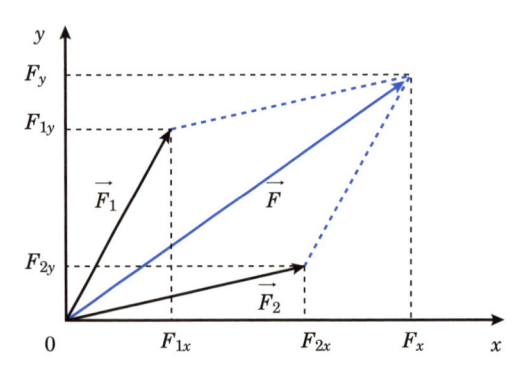

◆図 3-3-2　平行でない 2 力の合力の成分表示

合力 $\vec{F} = (F_x, F_y)$ の大きさ F は,$F = \sqrt{F_x^2 + F_y^2}$ で求まります.

したがって,向きが異なる 2 力の合力を求めるには,平行四辺形を描いてその対角線に矢印を描けばよいということになります.力の種類にかかわらず,速度や運動量のように大きさと向きをもつベクトル量においては,この関係が成り立ちます.

> **合力の求め方**
>
> 　向きの異なる 2 力の合成では,平行四辺形の対角線が合力となる.

力 $\vec{F_1}$,$\vec{F_2}$ のなす角度が 90°のとき,合力 $\vec{F}$ の大きさ $\vec{F}$ は三平方の定理より,

$$F = \sqrt{F_1^2 + F_2^2}$$

と求まります.

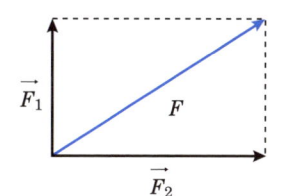

◆図 3-3-3　2 力のなす角度が 90°のときの合力

■ 2 力が平行である場合

　平行に働く 2 力を合成する場合は，＋方向を決めてベクトルの成分の和を考えます．①，②では右向きを＋方向とします．

①同じ向きの 10N と 5N の合成

◆図 3-3-4　平行な 2 力の合成（同じ向き）

$$\therefore 合力\ F = 10 + 5 = 15〔N〕$$

②逆向きの 10N と 4N の合成

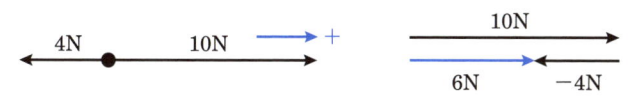

◆図 3-3-5　平行な 2 力の合成（逆向き）

$$\therefore 合力\ F = 10 + (-4) = 6〔N〕$$
　　　　　　　　　└左向き

3.3.2 ● 力の分解

　力の分解を考える場合，力の合成とは逆に，一つの力を平行四辺形の 2 辺となるよう二つに分けます．

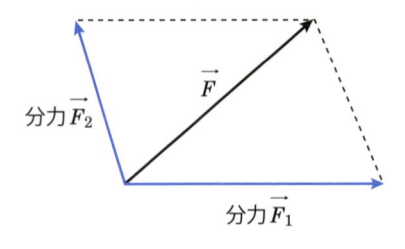

◆図 3-3-6　力の分解

なお，力を，直角をなす 2 力に分解する場合，x 成分と y 成分は sin と cos を用いて表すことができます．

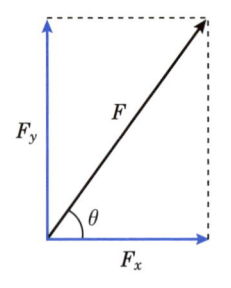

$$\sin\theta = \frac{F_y}{F} \text{ より，} F_y = F\sin\theta$$

$$\cos\theta = \frac{F_x}{F} \text{ より，} F_x = F\cos\theta$$

◆図 3-3-7
直角をなす 2 力に分解した力

練習問題 3-3

図 3-3-8 のように，天井から糸でつり下げられた質量 m のおもりを横から糸でつなぎ，力 F で引っ張り，角度 θ を保って静止させたとき，おもりに働く力のつり合いの式を立てよ．なお，天井につながっている糸の張力を T，重力加速度の大きさを g とする．

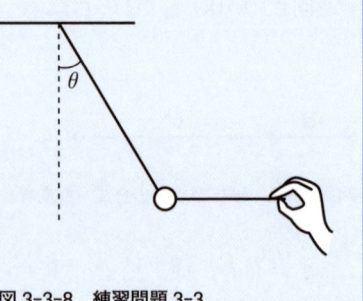

◆図 3-3-8　練習問題 3-3

解答

おもりに働く力は重力 W，斜めの糸の張力 T，横から引っ張る糸の張力 F となります．ここで，斜め方向の力である T を鉛直方向と水平方向に成分分解し，つり合いの式を立てると，

鉛直方向：$T\cos\theta = mg$

水平方向：$T\sin\theta = F$

と求まります．

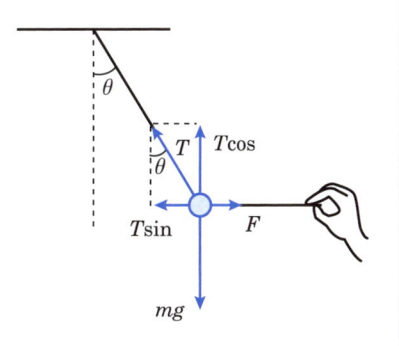

◆図 3-3-9　力を成分分解した図

3.3.3 ● 合成・分解の応用研究

練習問題 3-3 の解答である 2 式のつり合いの関係式から，左辺右辺を割ると，

$$\frac{T\sin\theta}{T\cos\theta} = \frac{F}{mg} \text{ より，} \tan\theta = \frac{F}{mg}$$

となります．さらに，$T\cos\theta = mg$，$T\sin\theta = F$ より，

$(T\sin\theta)^2 + (T\cos\theta)^2 = F^2 + (mg)^2$

$T^2(\sin^2\theta + \cos^2\theta) = F^2 + (mg)^2$

$T^2 = F^2 + (mg)^2$

となります．つまり，

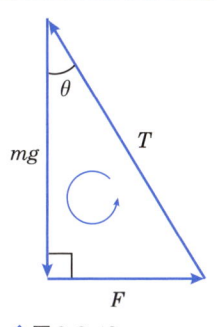

◆図 3-3-10
つり合いの力による三角形

$\tan\theta = \dfrac{F}{mg}$ と $F^2 + mg^2 = T^2$ の式が成り立つということは，F, mg, T のベクトルにより，図 3-3-10 のような直角三角形が成り立つことになります．

これは，物体に働く力のベクトルを移動させて組み替えると，図 3-3-10 のようにベクトルが一回りするような一つの三角形ができるということです．つまり，3 力のつり合いが成り立つとき，3 力それぞれを辺とする三角形が作られるということになります．

斜面上の物体〜重力を分解しよう！

斜面上に置かれている物体に働く重力を，斜面に平行な方向と斜面に垂直な方向とに成分分解しましょう．

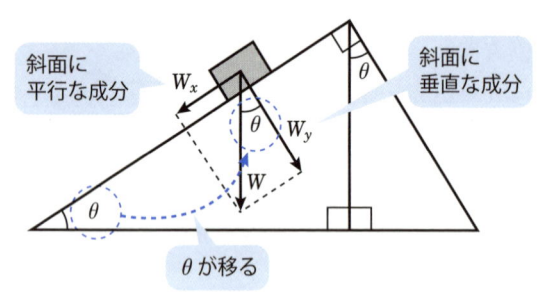

◆図 3-3-12　斜面上の物体に働く重力の分解

まずは，物体に働く重力 W を鉛直下向きに描き，これを図 3-3-12 のように斜面に平行な方向の成分 W_x と斜面に垂直な成分 W_y に分解しましょう．

相似な三角形の関係より，図 3-3-12 のように，斜面の角度 θ は W と W_y がなす角度と等しいので，そこに θ を書き込みます．ここで，図 3-3-13 より，角度 θ で斜辺 1 の直角三角形では，底辺が $\cos\theta$，高さが $\sin\theta$ となるので，W_x，W_y は，それぞれの辺を W 倍すれば求めることができます．したがって，重力の成分分解は，

　　斜面に平行な方向：$W_x = W\sin\theta$

　　斜面に垂直な方向：$W_y = W\cos\theta$

となります．

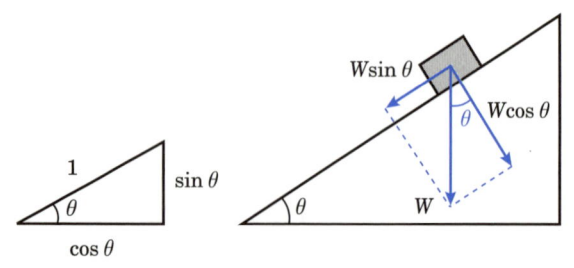

◆図 3-3-13　相似な二つの直角三角形

なお，斜面に描き入れる直線は，斜面に平行な直線，斜面に垂直な直線ともに平行，垂直となるように，しっかり引くことが大切です．そうしないと，斜面の角度 θ が移る場所などを間違えてしまうからです．また，斜面上に置かれている物体に働く重力を sin，cos で成分分解する作業は，斜面の問題では必ずといってよいほど出てくるので，答えられるようにしておきましょう．

3.3.4 ● 作用・反作用の法則

「壁をこぶしで叩いたら手が痛い」ということは，誰もが想像できます．しかし，なぜ痛いのでしょうか？　それは，壁を叩いた力がこぶしに返ってきたからです．このように，壁を叩いた力とこぶしに返ってきた力は作用・反作用の関係にあります．

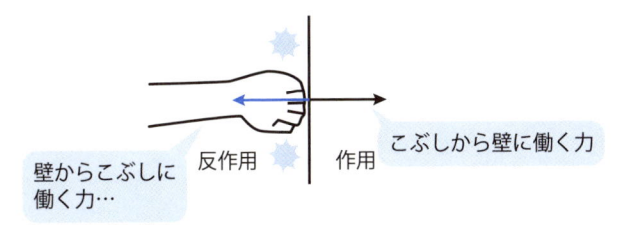

◆図 3-3-14　壁を叩いたときの作用反作用の関係

また，作用・反作用の関係にある二つの力は，大きさが等しいことがわかっています．「弱く叩けばあまり痛くはないが，強く叩けばとても痛い」ことからもわかるとおり，こぶしが壁からもらう力は，こぶしが壁に与える力で決まり，「与える力（作用）＝もらう力（反作用）」が成り立っています．与える力を"作用"とすると，もらう力は"反作用"となり，この二つの力は同一作用線上で働き，逆向きで大きさが等しい関係が成り立ちます（図 3-3-15 を参照）．これを作用・反作用の法則，またはニュートンの運動の第 3 法則といいます．

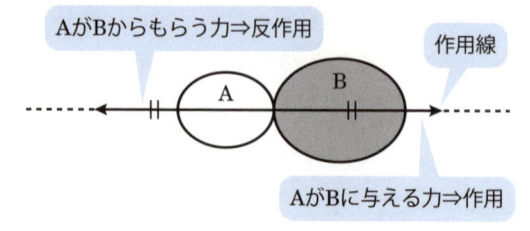

◆図 3-3-15

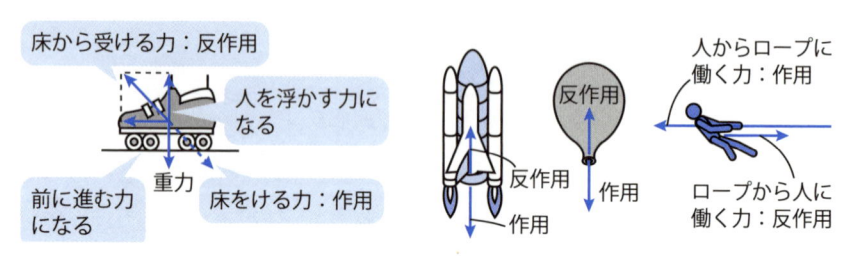

◆図 3-3-16 作用反作用の例

> **作用・反作用の法則（ニュートンの運動の第 3 法則）**
> 二つの物体が互いに力を及ぼし合うとき，作用と反作用は同一作用線上にあり，逆向きで，その大きさは等しい．

■ つり合いと作用・反作用の違い

"つり合い" と "作用・反作用" はどちらも，「逆向きに同じ大きさの力が働く」ということで，同じような印象を受けますが，内容はまったく異なります．その違いについて，次の練習問題を通して考えてみましょう．

練習問題 3-4

図 3-3-17 のように，水平面上に物体が置かれている．このとき物体に働く力は図のように三つあるが，これらの力の中で，作用・反作用の関係になっている 2 力はどれとどれか．また，つり合いの関係になっている 2 力はどれとどれかそれぞれ答えよ．

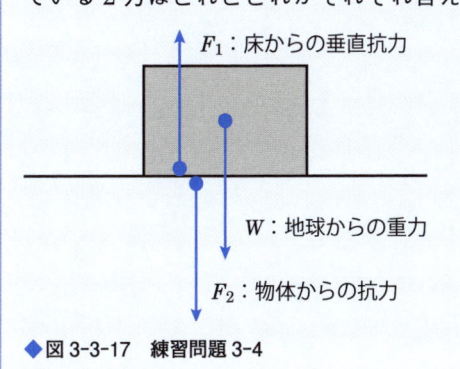

F_1：床からの垂直抗力
W：地球からの重力
F_2：物体からの抗力

◆図 3-3-17　練習問題 3-4

解答

それぞれの力がどの場所に作用するかを調べてみると，

F_1 …物体に働く力
F_2 …床に働く力
W …物体に働く力

となります．

作用・反作用の力というのは，たとえば，"相手"を押したら(作用)，"自分"も押し返される(反作用)といった力で，作用の力と反作用の力のそれぞれの作用点が，別々の物体に存在するのが特徴です．したがって，このような関係にある作用・反作用の力は F_1 と F_2 となります．

つり合いの関係にある 2 力は，たとえば，糸でつるされたおもりに働く，重力と張力が挙げられます．この二つの力はどちらもおもりに働いていますが，つり合いのときに働いている力の作用点は，同一物体内にある，というのが特徴です．したがって，つり合いの関係にある，同じ物体に働く 2 力は，F_1 と W となります．

つり合いと作用・反作用
・つり合いの関係　　⇒ 2 力が同一の物体に働いている
・作用・反作用の関係 ⇒ 2 力が別々の物体に働いている

3.4 いろいろな力

3.4.1 ● 摩擦力

摩擦力には静止摩擦力と動摩擦力があり，静止摩擦力は静止している物体に働く摩擦力，動摩擦力は運動している物体に働く摩擦力です．では，これらの摩擦力の性質について，学習していきましょう．

■ 静止摩擦力

静止摩擦力は物体が静止しているときに働く摩擦力です．たとえば，床の上に置かれた物体に力を加えて引っ張っても動かなかった，という状況を考えてみましょう．この物体はなぜ動かなかったのかというと，引っ張る力に対して，床と物体の間に引っ張る力と逆向きの摩擦力が働き，引っ張る力と摩擦力がつり合った状態になったためです．このように，物体が床に対して静止しているときに働く摩擦力のことを静止摩擦力といいます．

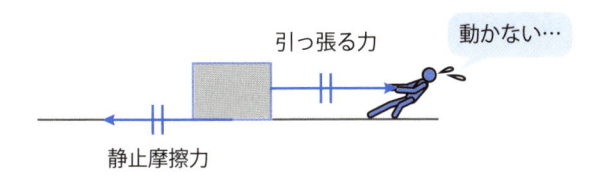

◆図 3-4-1　静止摩擦力

①静止摩擦力の最大値

摩擦力が働く粗い水平面上に置かれた物体に次第に大きな力を加えながら動かすことを考えましょう．床に置かれた物体を，はじめは小さな力 F_1 で引っ張ります．しかし，物体は動きません．さらに大きな力 F_2 で引っ張っ

第3章 力の働き

ても，まだ動きません．物体に加えた力を大きくしていっても，物体が動き出さない理由は，物体に加えた力が大きくなっていくと同時に，静止摩擦力も大きくなっていき，加えた力と静止摩擦力の間に常につり合いが成り立っているからです．

ここで，F_2よりもさらに大きな力を加えていったところ，力の大きさがちょうどF_3を超えたところでやっと動き出しましたとします．これは，静止摩擦力が限界に達して最大値となり，それよりも大きな力が加わったことで，物体が動き出した，ということです．この最大の静止摩擦力を**最大摩擦力**といい，物体に働く垂直抗力をN，静止摩擦係数をμとして，次の式により求められます．

$$f = \mu N$$

静止	$f_1 \leftarrow \square \rightarrow F_1$	$F_1 = f_1 < \mu N$
静止	$f_2 \leftarrow \square \rightarrow F_2$	$F_2 = f_2 < \mu N$
動き出す直前	$f_3 \leftarrow \square \rightarrow F_3$	$F_3 = f_3 = \mu N$

最大摩擦力：これ以上大きくなれない

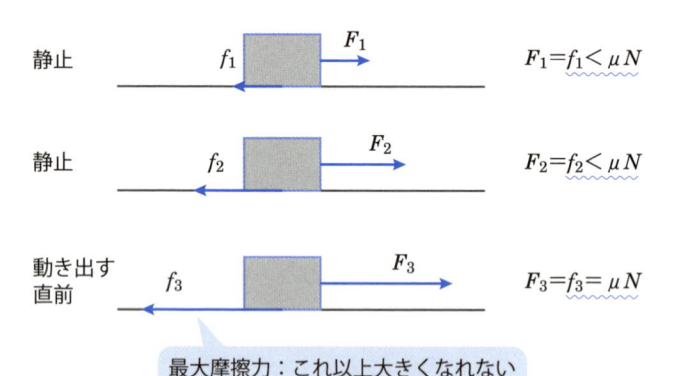

◆図3-4-2　物体が動き出すまでに静止摩擦力が働く様子

静止摩擦力の様子を引っ張る力Fを横軸に，と摩擦力fを縦軸にとったグラフで表すと，次のようになります．

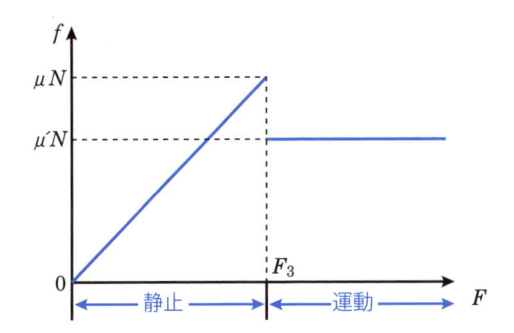

◆図 3-4-3　引っ張る力 F と摩擦力 f の関係を表すグラフ

　図 3-4-3 のグラフは，物体が静止状態から運動状態に切り替わるときの引っ張る力 F に対する摩擦力 f の変化の様子を表しています．物体に加えられた力 F_3 よりも大きな力を加えると，物体が動き出すということは，つまり，F_3 を加えたときの静止摩擦力 f_3 が静止摩擦力の最大値です．物体が動き出した後，摩擦力は静止摩擦力から動摩擦力に切り替わって，その大きさは最大摩擦力 μN よりも少し小さくなり，一定の値 $\mu' N$（μ' は動摩擦係数）となります．

②最大摩擦力

　①のように，静止摩擦力は，物体を引っ張る力に対抗して無限に大きくなっていく力ではなく，最大値が存在します．その最大値を**最大摩擦力（最大静止摩擦力）**と呼びます．この最大摩擦力よりも大きな力が加えられると，静止摩擦力は引っ張る力に負けてしまい，物体は動き出します．

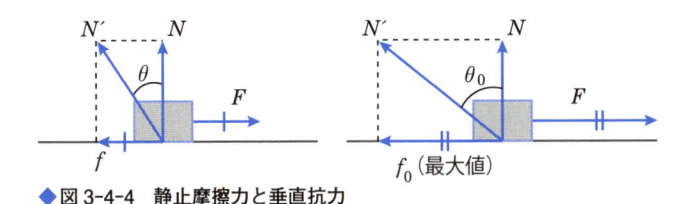

◆図 3-4-4　静止摩擦力と垂直抗力

ここでは，最大摩擦力についてくわしく調べてみましょう．物体を F で引っ張り，静止しているときに物体に働く面から受ける力を描くと，図3-4-4のように床に水平な成分は，静止摩擦力 f と垂直な成分は，垂直抗力 N になります．そして，これらを合成すると N' という抗力を描くことができます．ここで，N からの角度を θ とすると，

$$\tan\theta = \frac{f}{N}$$

となります．

引っ張る力 F を大きくしていくと f も大きくなっていきますが，やがて物体は動き出します．動き出す瞬間において，f は最大値 f_0 をとります．このとき，θ も $\tan\theta$ もそれぞれ最大値 θ_0, $\tan\theta_0$ をとりますが，$\tan\theta_0$ はある定数値をとることから，これを μ（＝一定）とおくことができます．したがって，

$$\tan\theta_0 = \frac{f_0}{N} = \mu$$

となります．そして，ここから最大の f_0 の値は，

$$\frac{f_0}{N} = \mu \text{ より, } f_0 = \mu N$$

と求まります．つまり，静止摩擦力 f の最大値 μN が最大摩擦力となります．この最大摩擦力は，$\tan\theta$ の最大値 μ と面から受ける垂直抗力 N の積で表されます．μ は床と物体の種類や状態（乾いている，濡れているなど）により決まる値で，<u>静止摩擦係数</u>と呼びます．

そこで，静止摩擦係数を μ，垂直抗力を N とおくと，最大摩擦力 f は，

$$f = \mu N \quad (\mu：静止摩擦係数)$$

という式で表されます．

最大摩擦力は，あらかじめ静止摩擦係数 μ や垂直抗力 N がわかっていれば，計算で求めることができます．またこの式は最大摩擦力のみを求めるものなので注意しましょう．最大値に達する前の静止摩擦力は，引く力や押す力などの静止摩擦力とつり合っている力の大きさから求められます．

> **最大摩擦力（最大静止摩擦力）**
> $f = \mu N$ （μ：静止摩擦係数）

■ **動摩擦力**

　最大摩擦力よりも大きい力で物体を引っ張ると，その物体は動き出します．動き出すと，摩擦力は静止摩擦力から動摩擦力に切り替わります．動摩擦力の大きさは，最大摩擦力より小さく，速さによらず一定の大きさで働きます．仮に，物体を静止した状態から等速直線運動をさせるには，力を徐々に大きくしていき，物体を動かした後すぐに力を弱めて動摩擦力とつり合うように引っ張らなければなりません．この動摩擦力の大きさは，物体が床から受ける垂直抗力に比例し，動摩擦係数 μ' を比例定数として，

　　$f' = \mu' N$

で表されます．なお，図3-4-5の表でも確認できますが，静止摩擦係数 μ と動摩擦係数 μ' の関係は $\mu > \mu'$ です．

> **動摩擦力**
> 　$f' = \mu' N$ （μ'：動摩擦係数）
> 　速さにかかわらず，常に一定の値となる

接する物質	静止摩擦係数	動摩擦係数
硬鋼と硬鋼（乾燥）	0.7	0.5
ガラスとガラス	0.94	0.4
銅とガラス	0.68	0.53
かし材とかし材	0.62	0.48
氷と鋼	0.1	0.06

◆図3-4-5　静止摩擦係数と動摩擦係数

第3章 力の働き

練習問題 3-5

質量 m の物体をのせた板を次第に傾けていく場合について，以下の問いに答えよ．ただし，物体と板との間の静止摩擦係数を μ_0，重力加速度を g とする．

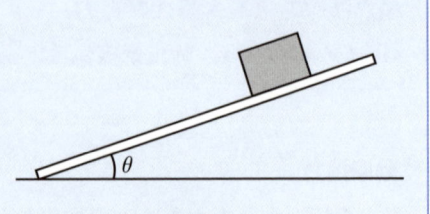

◆図 3-4-6　練習問題 3-5

(1) 板の傾きが θ のとき，物体は板の上に静止していた．このとき物体に働く静止摩擦力はいくらか．

(2) (1)のとき，板からの垂直抗力はいくらか．

(3) θ からさらに板を傾けていくと，傾きの角度が θ_0 を越えると物体が滑った．それに対する $\tan\theta_0$ を求めよ．

解答

(1) 物体は斜面上に静止しているので，物体を引っ張る斜面に平行な下向きの力と摩擦力がつり合っています．したがって，図 3-4-7 より，重力 mg の斜面平行成分 $mg\sin\theta$ と，このときの静止摩擦力 f は等しいので

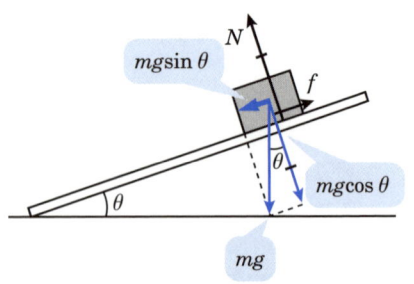

◆図 3-4-7　斜面上で成分分解した力

$$mg\sin\theta = f$$

したがって，求める静止摩擦力は次のようになります．

$$f = mg\sin\theta$$

(2) 図 3-4-7 において，斜面に垂直な方向におけるつり合いの式より，
$N = mg\cos\theta$

(3) 滑り出す角度が θ_0 のとき，物体に働く摩擦力は最大摩擦力となります．斜面平行方向におけるつり合いの式より，

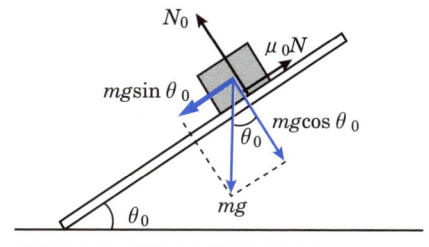

$mg\sin\theta_0 = \mu_0 N_0$

◆図 3-4-8　滑り出す直前に働く力

ここで，斜面垂直方向におけるつり合いの式より，

$N_0 = mg\cos\theta_0$ となるので，

$mg\sin\theta_0 = \mu_0 mg\cos\theta_0$

したがって，

$\dfrac{\sin\theta_0}{\cos\theta_0} = \mu_0$　∴ $\tan\theta_0 = \dfrac{\sin\theta_0}{\cos\theta_0} = \mu_0$

3.4.2 ● ばねの弾性力

ばねには，力を加えて伸ばす（縮める）と元の長さに戻ろうとする性質があり，この戻ろうとするときに生じる力を**ばねの弾性力**といいます．弾性力は伸び（縮み）の長さに比例する性質があり，ばねの弾性力 F〔N〕と伸び x〔m〕の関係は，比例定数 k を用いて，

$F = kx$

と表せます．この法則を**フックの法則**といい，k〔N/m〕を**ばね定数**と呼びます．

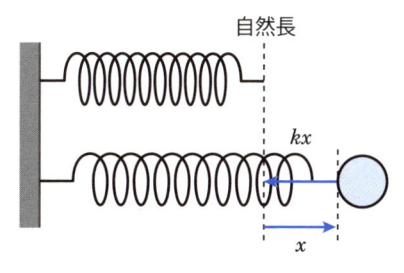

◆図 3-4-9　ばねの弾性力

第3章 力の働き

> **ばねの弾性力の式**
>
> 自然長から x〔m〕伸びた（縮んだ）ときに働く弾性力の大きさ F〔N〕は，
>
> $F = kx$　　k〔N/m〕：ばね定数

　たとえば，自然長の状態から 1.0〔N〕の力で引っ張ると 0.10〔m〕伸びるばねがあるとします．このばねを，今度は 2.0〔N〕で引っ張ると 0.20〔m〕伸び，3.0〔N〕で引っ張ると 0.30〔m〕伸びます．このことから，ばねの伸びに対する弾性力をグラフにすると図 3-4-10 のような 1 次関数のグラフ（原点を通る直線）になり，このグラフから，ばねの弾性力 F はばねの伸び x に比例し，$F = kx$ が成り立つことがわかります．

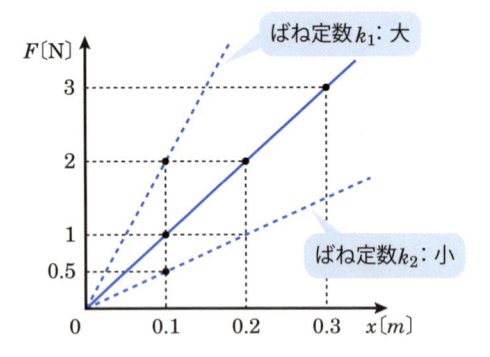

◆図 3-4-10　$F-x$ グラフとばね定数

　ばね定数 k はグラフの傾きを表しますが，この傾きが大きいばね定数 k_1 のばねと傾きが小さいばね定数 k_2 のばねのグラフを図 3-4-10 において比べると，同じ長さを伸ばすときでも，傾きの大きいばねのほうがたくさんの力が必要です．

　たとえば，ばねを 0.10〔m〕伸ばすのに，ばね定数 k_1 のばねでは 2.0〔N〕が必要ですが，ばね定数 k_2 のばねでは 0.50〔N〕しか必要ありません．つまり，グラフにおいて，傾きの大きいばねは，傾きの小さいばねよりも，より硬いばねを示していることになり，ばね定数 k が大きいほど，硬く強力なばねを示すということがわかります．

3.4.3 ● 空気抵抗

空気中を運動する物体は，粗い床の上を運動する物体が床から摩擦力を受けるように，空気から抵抗力を受け，運動を妨げられます．一般に，**空気抵抗**の大きさは比較的小さいときは速さに比例し，その大きさは，

$$F = kv \quad (k：比例定数)$$

で表されます．また，速度 v における物体の運動方程式は，

$$ma = mg - kv \quad \cdots ①$$

となります．

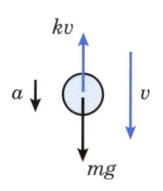

◆図 3-4-11
空気抵抗を受けながら落下する物体

■ 落下する物体の実例

ここで，空気抵抗が働く状態で自由落下する物体の運動の様子を，①の式を参考にしながら考えてみましょう．

①初速度 0 で，重力を受け加速していく
（空気抵抗が 0 より加速度は重力加速度）

⬇

②速度 v が大きくなるにつれ，空気抵抗も大きくなっていく（加速度がしだいに小さくなっていく）

⬇

③やがて重力と空気抵抗がつり合い加速度は 0 となる．その後，物体は等速度運動をしながら落下していく

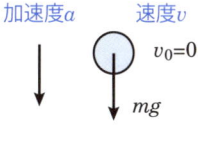

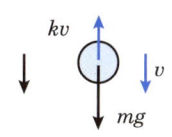

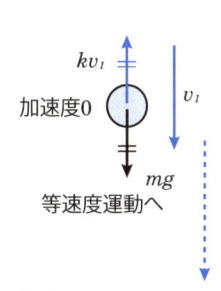

◆図 3-4-12
空気抵抗を受けながら自由落下する物体の運動

このように，空気中を落下する物体は，空気抵抗を受けて運動状態が複雑に変化します．この様子を表しているのが図 3-4-13 で，落下時間に対する落下運動の速度を表した $v-t$ グラフです．

このグラフでは，原点 O における接線が描かれていますが，この接線の傾きは加速度を表しています．$t=0$ のときに，物体の速度は $v=0$ なので，空気抵抗の影響は受けておらず，物体の加速度は重力加速度 g となります．それに対して，速度は時間が経つにつれ一定の値になっていきますが，最終的に一定になった速度のことを終端速度といいます．

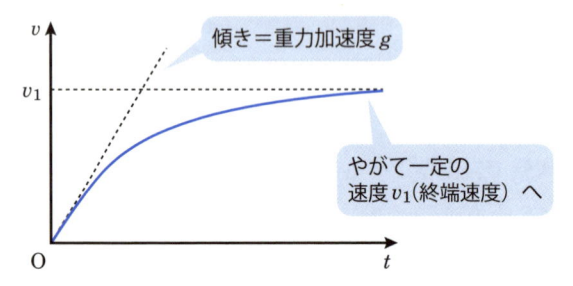

◆図 3-4-13　空気抵抗を受けながら落下する物体の $v-t$ グラフ

3.4.4 ● 圧力

接触する面に対して垂直に圧し合っている力を圧力といいます．床の上に物体が置かれていた場合，床は物体を力 F で押し上げ，物体は床を下向きに力 F で押します．これは作用・反作用の効果によるもので，床と物体が互いに圧しあっていることになります．

圧力は力が面に加わった場合に，単位面積当たりに加わる力で求められます．力 F〔N〕が面積 S〔m²〕に加わった場合の圧力 p〔N/m²〕は，

$$p = \frac{F}{S}$$

となります．また，圧力の単位は〔N/m²〕の代わりに〔Pa〕（パスカル）を用いても構いません．

$1 [N/m^2] = 1 [Pa]$

圧力というのは，同じ大きさの力でも，力を加える面の面積が小さければ圧力は大きくなり，力を加える面積が大きければ圧力は小さくなります．たとえば，座布団やクッションなどに腰掛けた場合よりも，その上に立った場合のほうが，より深くへこみます．また，細い針がわずかな力でも布をつきぬけてしまうのは，針の先端の断面積が非常に小さいので，その結果，圧力が非常に大きくなるためです．

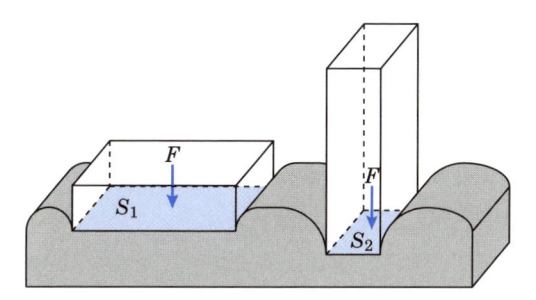

◆図 3-4-14　接触面積の大小で圧力が異なる様子

3.4.5・浮力

液体の中に物体を沈めたときや，空気中に浮かぶ気球に働く"浮く力"を浮力といいます．浮力は，物体が周りにある気体や液体などの物質を押しのけた分の重さに等しく，これをアルキメデスの原理といいます．

浮力は，そこにあるべき物質を押しのけると，反作用の力をもらうことからもイメージできます．体積 $V [m^3]$ の物体が受ける浮力 $F [N]$ は，周りの物質の密度を $\rho [kg/m^3]$ とすると，重力加速度の大きさを $g [m/s^2]$ として，

$$F = \rho V g$$

と求められます．

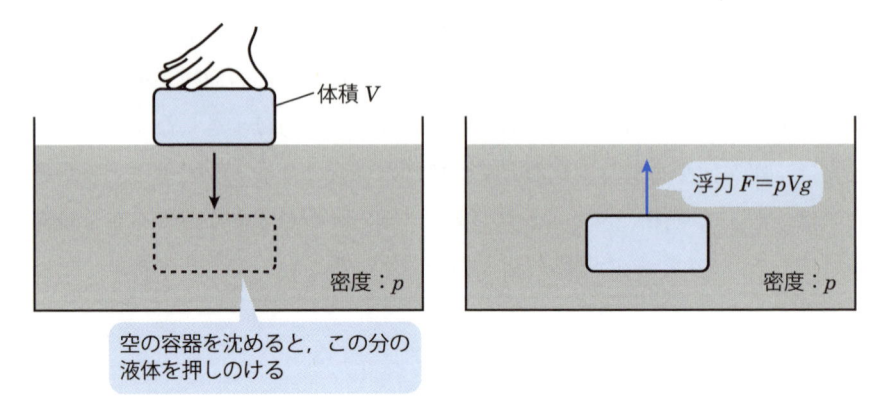

◆図 3-4-15　物体に働く浮力

　浮力は，水の中では，物体が受ける水圧が作り出す力と考えることができます．水圧は深いほど大きいので，上面よりも下面から押し上げる力が大きく，それが浮かぶ力，つまり浮力にとなって物体に働きます．

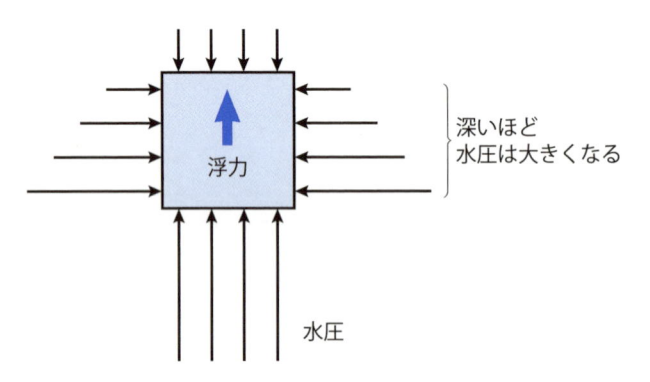

◆図 3-4-16　水圧と浮力

　水圧は水の重さによって作られる圧力です．この水圧の大きさは，深さに比例し，密度 ρ [kg/m^3] の水中で深さ d [m] における水圧は $\rho d g$ [Pa] と表されます．

　水中で働く圧力は，大気圧と水圧の和となるので，大気圧 p_0 [Pa] とすると，深さ d [m] における圧力 p [Pa] は

$p = p_0 + \rho d g$

となります．したがって，水中で面積 $S〔\mathrm{m}^2〕$ に働く力は，

深さ d_1 では… $F_1 = p_0 S + \rho S d_1 g$

深さ d_2 では… $F_2 = p_0 S + \rho S d_2 g$

となります．

このことから，物体に働く浮力 F は，

$$F = F_2 - F_1 = (p_0 S + \rho S d_2 g) - (p_0 S + \rho S d_1 g) = \rho S (d_2 - d_1) g$$

となり，上面と下面に働く水圧の大きさの差で求められます．

ここで，物体の体積を V とすると，

$$V = S(d_2 - d_1)$$

より，浮力 F は，

$$F = \rho V g$$

と求まります．

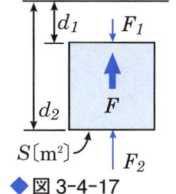

◆図 3-4-17
水中で面積に働く力

練習問題 3-6

図 3-4-17 に示すように，ばね A（ばね定数 k_1，自然の長さ l_1）の一端を固定し，他端に質量 m_1 の質点 P_1 をつけてつるす．さらに，P_1 にばね B（ばね定数 k_2，自然の長さ l_2）の一端を固定し，他端に質量 m_2 の質点 P_2 をつけてつるし，静止させてある．このとき，ばね A，B が自然の状態に対して伸びた長さをそれぞれ x_1，x_2 で表す．ばねの質量は無視できるものとする．

(1) 質点 P_1 に働いている力の向きと大きさを図示せよ．
(2) 質点 P_2 に働いている力の向きと大きさを図示せよ．
(3) x_1 を求めよ．
(4) x_2 を求めよ．

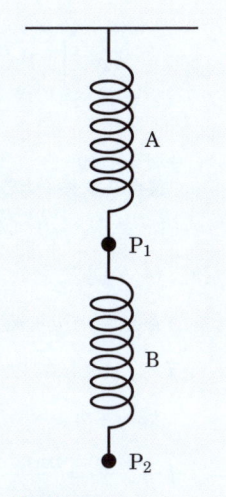

◆図 3-4-18
練習問題 3-6

解答

物体に働く力について，まず「重力」と「接触力」を探します．ばねA，Bは，ともに自然長よりも伸びている状態なので，ばねの弾性力は，ばねが縮む向きに働きます．このことを考慮しながら，P₁，P₂について，それぞれ重力と接触力を描き入れます．

(1) P₁には下向きの重力が働き，接触力は上向きにばねAからの弾性力が働き，下向きにばねBからの弾性力が働きます（図3-4-19）．

(2) P₂には，まず重力が下向きに働き，そして上向きにばねBからの弾性力が働きます（図3-4-20）．

(1)，(2)を合わせて描くと，図3-4-21のようになります．

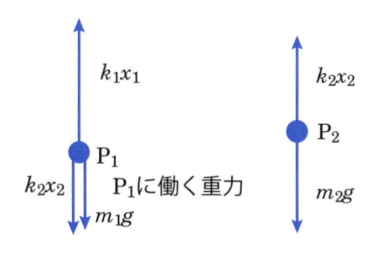

◆図3-4-19 質点 P_1 に働く力の矢印
◆図3-4-20 質点 P_2 に働く力の矢印
◆図3-4-21 質点 P_1, P_2

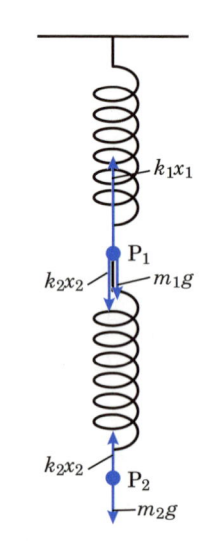

(3), (4) P₁におけるつり合いより，

$$k_1 x_1 = m_1 g + k_2 x_2 \quad \cdots ①$$

また，P₂におけるつり合いより，

$$k_2 x_2 = m_2 g \quad \cdots ②$$

②より，$x_2 = \dfrac{m_2 g}{k_2}$ … (4)の解答

①より，$k_1 x_1 = m_1 g + k_2 x_2$

$$\therefore x_1 = \frac{(m_1 + m_2)g}{k_1} \cdots (3)\text{の解答}$$

3-4 ■ いろいろな力

練習問題 3-7

　体積 V，質量 m の物体が気体中を一定の速度 v で下降しているとき，物体に働く力において，成り立つ式を求めよ．ただし，物体が速さ v のときに気体から受ける抵抗力の大きさを kv，気体の密度を ρ とし，重力加速度の大きさを g とする．

解答

　物体に働く重力 mg は下向きで，気体からの浮力は ρVg で上向きです．また，気体からの抵抗力は kv で，上向きです．これらの力が働く様子は，図 3-4-21 のようになり，等速度で落下するので，働く力において，つり合いが成り立ちます．したがって，求める力の関係式は，

$$\rho Vg + kv = mg$$

となります．

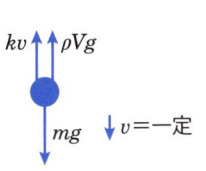

◆図 3-4-22
練習問題 3-7

TOPICS

ばねの連結

ばねを2本以上連結すると全体のばねの硬さが変わり，ばね定数も変わります．複数の連結したときの合成のばね定数はどのように計算されるか，2本のばねの連結を例にとって調べてみましょう．

①直列接続

◆図 3-4-23　直列接続のばね

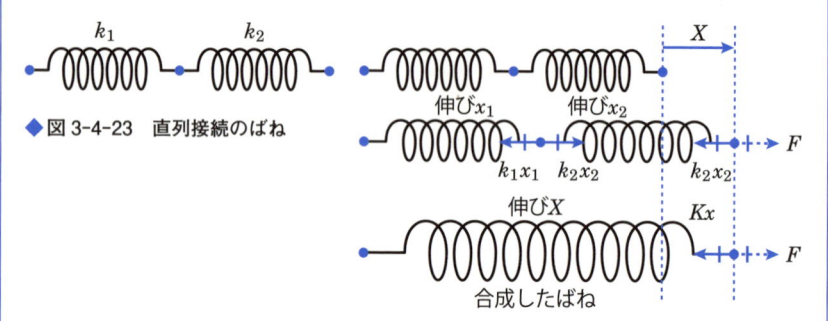

◆図 3-4-24
直列接続のばねと合成したばねを伸したときに働く力

ばね定数が k_1 と k_2 のばねを直列につないで，一端を固定し，他端を力 F で引っ張ったとき，それぞれのばねの伸びが x_1, x_2 になったとします．

力 F を加えた点におけるつり合いより，

$F = k_2 x_2 \Rightarrow x_2 = \dfrac{F}{k_2}$ 　　…①

ばねの接続部分におけるつり合いより，

$k_1 x_1 = k_2 x_2$

$F = k_2 x_2$ より，

$k_1 x_1 = k_2 x_2 = F \Rightarrow x_1 = \dfrac{F}{k_1}$ 　…②

合成したばねの伸びを X とすると，力 F を加えた点におけるつり合いより，

$F = KX \Rightarrow X = \dfrac{F}{K}$ 　　…③

ばねの伸びにおいて，$X=x_1+x_2$ が成り立つので，この式に，①，②，③を代入して，

$$\frac{F}{K}=\frac{F}{k_1}+\frac{F}{k_2}$$

したがって，合成ばね定数 K において，

$$\frac{1}{K}=\frac{1}{k_1}+\frac{1}{k_2} \cdots 直列接続における合成ばね定数$$

②並列接続

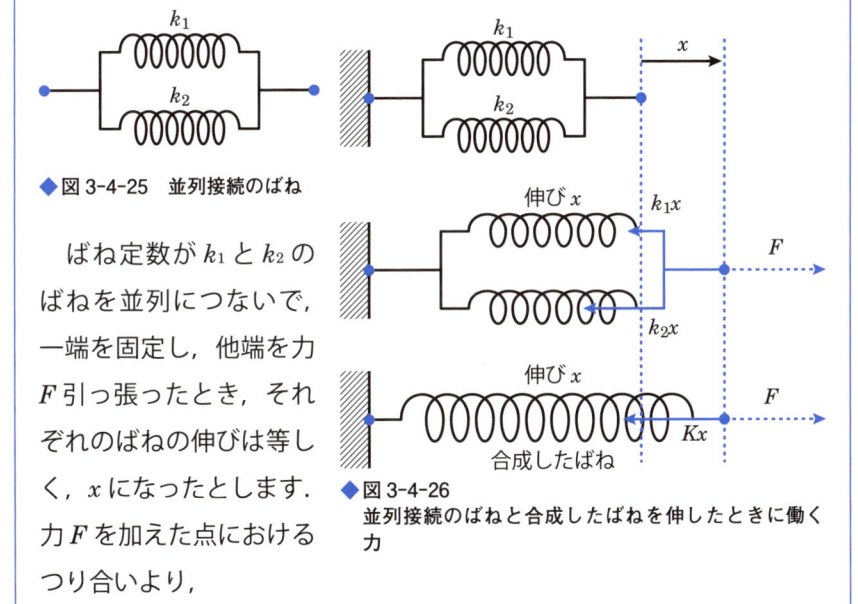

◆図3-4-25 並列接続のばね

ばね定数が k_1 と k_2 のばねを並列につないで，一端を固定し，他端を力 F 引っ張ったとき，それぞれのばねの伸びは等しく，x になったとします。力 F を加えた点におけるつり合いより，

◆図3-4-26 並列接続のばねと合成したばねを伸したときに働く力

$$F=k_1x+k_2x \quad \cdots ④$$

合成したばねを考えたとき，力 F を加えた点におけるつり合いより，

$$F=Kx \quad \cdots ⑤$$

④，⑤より，

$$Kx=k_1x+k_2x$$

したがって，合成ばね定数 K において，

$$K=k_1+k_2 \cdots 並列接続における合成ばね定数$$

以上から，2本以上のばねが連結された場合の合成ばね定数に関して，次の式が成り立ちます．

- 直列接続：$\dfrac{1}{K}=\dfrac{1}{k_1}+\dfrac{1}{k_2}+\dfrac{1}{k_3}+\cdots$
- 並列接続：$k=k_1+k_2+k_3+\cdots$

第4章

剛体のつり合い

ポイント

　本章では物体の大きさを考える場合について考えます．物理では物体を質点として扱う考え方が基本であり，大きさを考えない場合が多いため，ここでの物体の扱い方は少々特別かもしれません．大きさを考えることで，質点の世界では考えられないようなことも起こります．たとえば，棒を回転させるには，弱い力でも工夫次第で思いもしない大きな力の効果を生むことができます．剛体の扱いの基本として，まずは「力のモーメント」をしっかりと理解しましょう．

第4章 剛体のつり合い

4.1 剛体に働く力

4.1.1 ● 質点と剛体

これまで物体に力を加える様子を図で表すときは，物体を四角い箱などで描いてきました．しかし，物体の大きさは考えずに，**質量をもった点**，つまり**質点**として扱ってきました．それに対して，ここでは物体の大きさを加味して扱う場合を考えます．大きさをもち，力を加えても変形しない物体を**剛体**（rigid body）といい，物体の状態を考えるときには，質点とはまた別の扱いをしなければなりません．

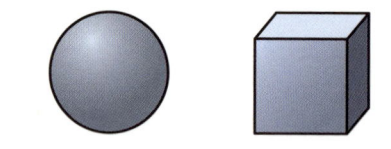

◆図 4-1-1　剛体の例

物体を質点として扱う場合，図 4-1-2 に示すように，「物体は，力を加えても倒れず，平行移動のみを行う」というのが前提でした．しかし，大きさをもつ剛体を扱う場合，図 4-1-3 に示すように，力を加えたときに，物体は，平行移動のみだけではなく，傾いて倒れる場合もあり得ますので，平行移動とは異なる動きを考えなければなりません．

この「倒れる」という動きですが，質点では登場しなかった「回転」とみなすことができます．また，物体は大きさをもっているので，図 4-1-3 の①と②で示すように，力の作用点が異なると，物体の倒れ方，つまり，回転の仕方も異なります．つまり，力の作用点がどこなのか，ということも，物体の状態を考えるときに，非常に重要になってきます．以上のことから，剛体

の状態を考える際には，平行移動と回転について考慮し，力の関係式を立てていくことになります。

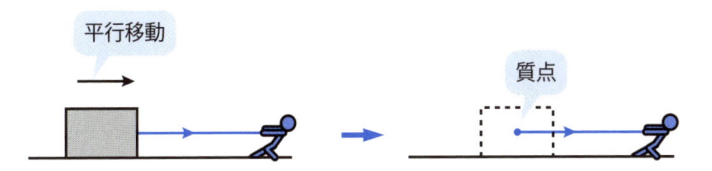

◆図 4-1-2　物体を「質点」として扱う場合

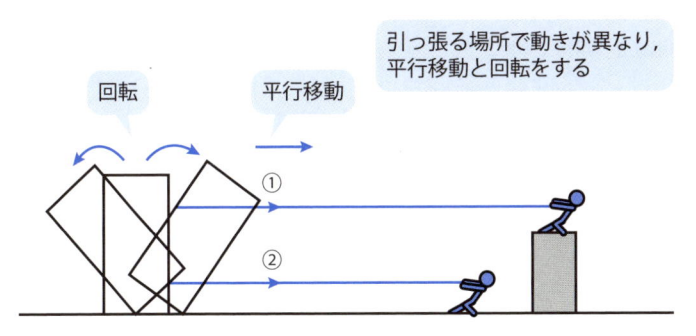

◆図 4-1-3　物体を「剛体」として扱う場合

> **質点と剛体が行う運動**
> 質点：質量をもった点　⇒　平行移動のみを行う
> 剛体：大きさをもつ物体　⇒　平行移動と回転による運動の両方を行う

4.1.2 ● 剛体に働く力の要素

剛体に働く力を考えるときに大切なのは，**力の大きさ**と**向き**，そして**作用線**であり，これらを**力の3要素**といいます。とくに，作用線は，質点には

ない性質を示すものとして大切です．作用線とは，剛体に働く力を含む延長線のことですが，「剛体に働く力の作用点を作用線上のどこに動かしても，物体に対する力の効果は変わらない」という，質点にはない重要な性質があります．

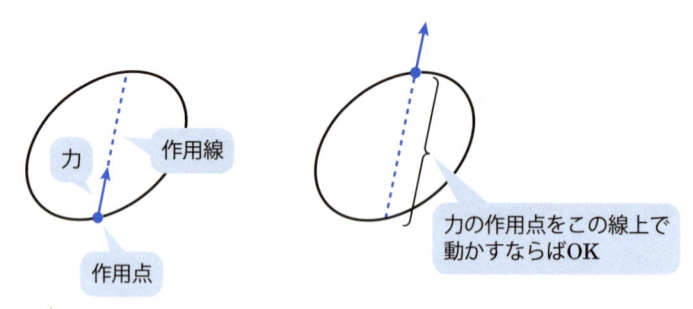

◆図 4-1-4　力の作用点を作用線上で動かす

　図 4-1-4 の二つは，力が作用する場所はそれぞれ異なりますが，物体に対する力の効果は変わりません．

　これは，次のように説明できます．
　図 4-1-5 のように，物体には，はじめ，点 A に力 $\vec{F}$ のみが加えられていたとします．そこで，$\vec{F}$ の作用線を考え，その両端の点 A と点 B に，逆向きで等しい大きさの 2 力 $\vec{F}$ と $-\vec{F}$ を新たに登場させます．すると，点 A では，はじめから働いている $\vec{F}$ と新たに登場した $-\vec{F}$ が打ち消し合って，合力が $\vec{F}+(-\vec{F})=0$ となり，点 A には力が働かず，点 B に力が働いていると考えることができます．これは，もともと点 A で働いていた力 $\vec{F}$ の作用点を，作用線上の点 B まで動かして力 $\vec{F}$ が働いた，と考えることができます．このように，剛体に力が働くときの力の作用点は，作用線上で自由に動かすことができます．

4-1 ■ 剛体に働く力

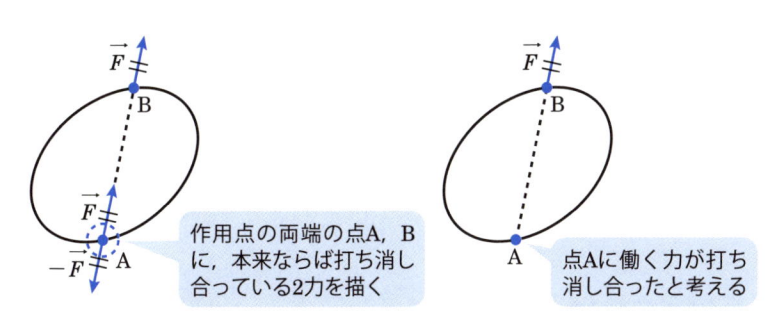

作用点の両端の点A, Bに, 本来ならば打ち消し合っている2力を描く

点Aに働く力が打ち消し合ったと考える

◆図 4-1-5　剛体に働く力の証明

113

4.2 力のモーメント

4.2.1 ● 剛体のつり合い

　棒のつり合いを例にとって，剛体に働く力について考えてみましょう．質量の無視できる棒の中心 O を支え，その棒の両側におもりをつるして，棒のつり合いの実験をしてみます．

　まずは，中心 O から等しい距離の点 A と点 B に，同じ質量のおもりを 1 個ずつつるした場合，棒は傾かずにつり合いを保ちます．

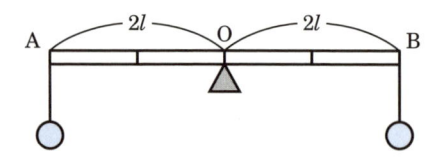

◆図 4-2-1　点 A と点 B に同じ質量のおもりをつるした場合

　次に，点 A のおもりを外して，OA の中心の位置に移動させます．すると，棒は時計回りの向きに回転します．

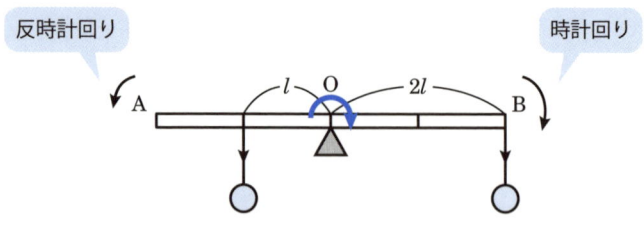

◆図 4-2-2　点 A のおもりを OA の中心に移動させた場合

　これは，左右のおもりのバランスが崩れたための現象です．この場合，

点A側につるしたおもりは反時計回りに棒を回転させようとし，点B側につるしたおもりは時計回りに棒を回転させようとします．これらの棒を回転させようとする力のうち，点B側につるしたおもりによる時計回りの回転の能力が，点A側につるしたおもりによる反時計回りの回転の能力に勝って，棒全体が時計回りに回転したと考えられます．

今度は，OAの中心に同じ質量のおもりを2個つるしてみましょう．すると，1個では時計回りに回転してしまった棒が，傾かずにつり合いを保つことができました．これは，左右のバランスがうまく保たれた状態です．OAの中心につるしたおもりが2個に増えたことによって，反時計回りの回転の能力が増え，時計回りの回転の能力と等しくなったことで，棒がつり合いを保っていると考えられます．

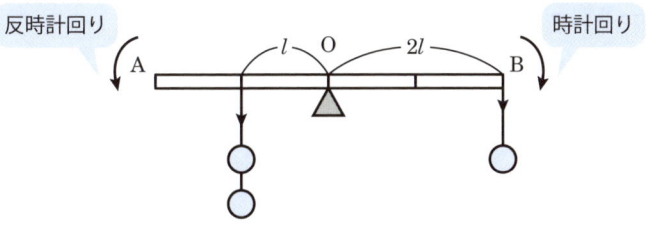

◆図4-2-3　おもり2個とおもり1個でつり合う場合

ここで大切なのは，左側にはおもりが2個，右側にはおもりが1個つるされていて，棒の両側に働く力は異なっているにもかかわらず，つり合いが成り立っているということです．これはなぜでしょうか？　剛体のつり合いの状態には，**力の大きさの他に棒の，中心Oからの距離が関係している**ということが考えられます．

図4-2-3の場合，おもり2個をつるした点から中心Oまでの距離はlですが，おもり1個をつるした点から中心Oまでの距離は$2l$であり，中心からより遠くにつるしています．これは中心からより遠くにつるすことによって，質量の大きい物体がつり下げられたときと同じ効果を得ることができる

ということを示しています．つまり，棒などの剛体では，加わる力が小さくても，点Oのような回転軸となる点からの距離を大きくとれば，大きな力と同じ効果を得ることができるということになります．

この力の効果を，**力と回転軸からの力の作用点までの距離（腕の長さ）の積**として**力のモーメント**（moment of force）といいます．よって，剛体を回転させる能力を表す量として「力のモーメント＝力×腕の長さ」と定義します．

> **力のモーメントの求め方**
> 力のモーメント＝力の大きさ×腕の長さ
> $N = Fl$

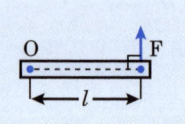

一般に，力の方向と回転軸Oから作用点Aへの方向が角θをなす場合，点OまわりのモーメントNにおいて，

$N = F\sin\theta \cdot l = Fl\sin\theta$

が成り立ちます．

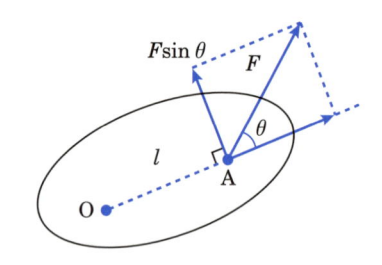

◆図 4-2-4
力と中心から作用点までの方向が角θをなす場合

4.2.2 ● 力のモーメントの正負について

力と同様に，力のモーメントにも正負があり，回転する向きによって決まります．一般に，反時計回りを正，時計回りを負，とします．

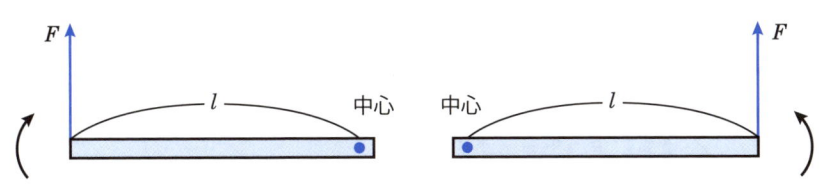

◆図4-2-5　時計回りの力のモーメント　　◆図4-2-6　反時計回りの力のモーメント

> **力のモーメントの正負**
> ・時計回りの場合　…力のモーメントは負 $\Rightarrow N = -Fl$
> ・反時計回りの場合…力のモーメントは正 $\Rightarrow N = Fl$

4.3 2力の合成

4.3.1 ● 平行でない2力の合成

点Aに働く力F_1と点Bに働く力F_2のそれぞれの作用線を描き，その交点にF_1とF_2を移動させて力を合成すると合力Fが求められます．

つまり，剛体にはF_1とF_2の2力が働いていますが，合力Fがその作用線上の点Cに働いていることと同じなのです．

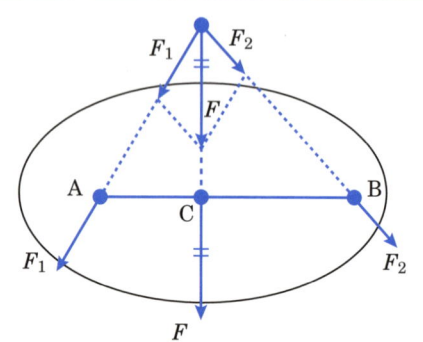

◆図4-3-1　平行でない2力の合成

> **平行でない2力の合成**
> $\vec{F} = \vec{F_1} + \vec{F_2}$
> 　合力$\vec{F}$は，$\vec{F_1}$と$\vec{F_2}$の力をそれぞれ作用線上で動かし，作用点を一致させたときに作られる平行四辺形の対角線となる．

4.3.2 ● 平行な2力の合成

2力が同じ向きの場合

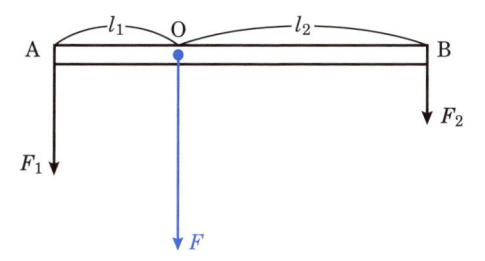

◆図4-3-2 平行な2力の合成（2力が同じ向きの場合）

　質量の無視できる棒の両端の点をA，Bとしたとき，点AにF_1，点BにF_2の力が働いていたとします．これらの合力が働く点を点Oと置き，点OからF_1，F_2の作用点までの距離をl_1，l_2とすると，点OはF_1とF_2の二つの力が集まる点なので，点Oで棒を支えると，棒は回転しないと考えることができます．したがって，点Oまわりにおける力のモーメントのつり合いが成り立つので，

　　$F_1 \cdot l_1 = F_2 \cdot l_2$　（反時計回りの力のモーメント＝時計回りの力のモーメント）

より，

$$\frac{l_1}{l_2} = \frac{F_2}{F_1}$$

となります．したがって，

　　$l_1 : l_2 = F_2 : F_1$

が成り立ちます．合力の作用点の位置は，力の作用点間の距離を，力の大きさの逆比で内分する点になっています．

　また，合力Fの大きさは，$F = F_1 + F_2$となります．

> **合力の作用点：2力が同方向の場合**
>
> 2力が同じ向きに働く場合，合力の作用点の位置は，力の作用点間の距離を，力の大きさの逆比で内分する点である．
>
> $l_1 : l_2 = F_2 : F_1$
>
> 合力の大きさ $F = F_1 + F_2$

点A，点Bにつり下げられたおもりの重さが F_1，F_2 であるとすると，おおよそ，どの点で支えれば棒がつり合うのかを考えれば，「支える点は点AB間にあって，棒の中心よりも少し左側にあるかな？」などと，だいたい想像がつくことでしょう．

■ 2力が逆向きの場合

点Aに F_1，点Bに F_2 の2力が，互いに逆向きに働いている場合，合力の点は，点AB間には存在せず，その外側にあります．たとえば，図4-3-3の場合には，棒に働いている力は，F_2 よりも F_1 のほうが大きいので，棒全体に力が働く点は F_1 側の棒の外側にある点Oとなります．

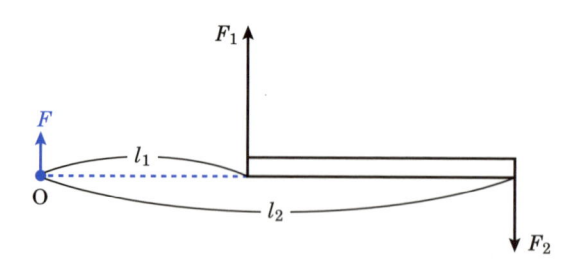

◆図4-3-3　平行な2力の合成（2力が逆向きの場合）

では，点Oの位置を求めましょう．

点Oから F_1，F_2 の力の作用点までの距離を l_1，l_2 とすると，点Oまわりにおける力のモーメントがつり合うことから，

$F_1 \cdot l_1 = F_2 \cdot l_2$　（反時計回りの力のモーメント＝時計回りの力のモーメント）

となります．これより，

$$\frac{l_1}{l_2} = \frac{F_2}{F_1}$$

となります．したがって，

$$l_1 : l_2 = F_2 : F_1$$

が成り立ちます．

合力の作用点の位置は，力の作用点間の距離を，力の大きさの逆比で外分する点になっています．また，合力の大きさは，$F=|F_1-F_2|$ となります．

> **合力の作用点：2力が逆方向の場合**
> 2力が逆向きに働く場合，合力の作用点の位置は，力の作用点間の距離を，力の大きさの逆比で外分する点である．
> $l_1 : l_2 = F_2 : F_1$
> 合力の大きさ $F=|F_1-F_2|$

この場合には，合力の点が棒の外側にあるので，棒に合力が加わるということはありません．しかし，棒の長さ l_1 の部分に質量が無視できるくらい軽い延長部分が加わった，と考えれば，点 O に合力を加えることができます．

> **練習問題 4-1**
> 次の図の棒に平行に働く2力を合成したときの合力の作用点の位置は，Aからそれぞれ何mのところにあるか．また，合力の大きさはいくらか．
>
> (1) A—B 1.0m，2.0N↓，3.0N↓
>
> (2) 5.0N↑，A—B 0.40m，3.0N↓
>
> ◆図 4-3-4　2力の合成

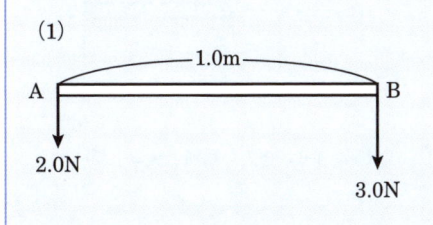

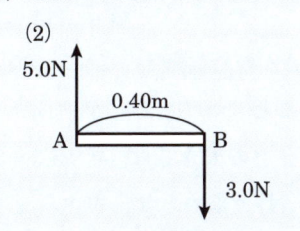

第4章 剛体のつり合い

解答

(1) 点Aから合力が働く点Gまでの距離をxとすると，点Gから点Bまでの距離は$1.0-x$となります．合力が働く点は，力の逆比で求められるので，

$x : (1.0-x) = 3.0 : 2.0$

これを計算して，

$2x = 3(1-x)$

$\therefore x = 0.6$

したがって，合力の作用点は点Aから右に0.60〔m〕のところにあり，2力が同じ向きなので，合力の大きさは，$2.0+3.0=5.0$〔N〕と求められます．

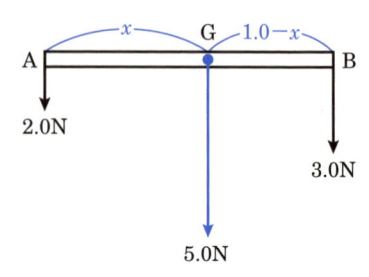

◆図 4-3-5　合力の場所と大きさ(1)

(2) 逆向きに平行な力の合力が働く点Gは，ABの延長線上の棒の外側に存在します．合力は力の大きいほうに寄るので，点Aの左側にあると予想できます．したがって，点Aの左側にxの点に合力が存在すると考えると，点Gから点Bまでの距離は$(x+0.40)$なので，比の関係より，

$x : (x+0.40) = 3.0 : 5.0$

これを計算して，

$5x = 3(x+0.4)$　$\therefore x = 0.6$

したがって，作用点は点Aから，ABの延長線上，左に0.60〔m〕のところにあり，2力が逆向きなので，合力の大きさは，$F = 5.0 - 3.0 = 2.0$〔N〕と求められます．

◆図 4-3-6　合力の場所と大きさ(2)

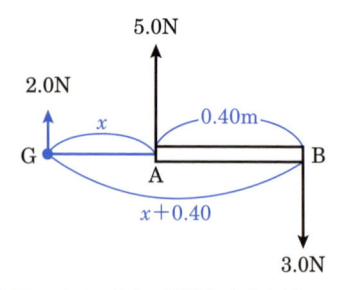

4.4 偶力

4.4.1 • 偶力とは

　自動車のハンドルをまわす場面を思い出してみましょう．たとえば，図 4-4-1 のように，点 A, B に力を逆向きに加えると，ハンドルを時計回りの向きに回転させることができます．これらの力の大きさが等しいとき，大きさが等しく平行で互いに逆向きの力 $\vec{F}, -\vec{F}$ の組を偶力といい，これらの力は，剛体を回転させる力として働きます．

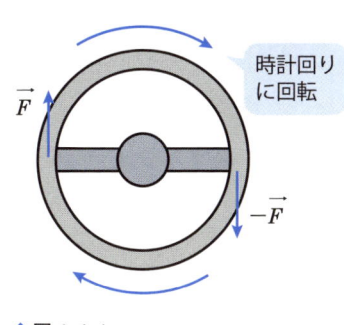

◆図 4-4-1
車のハンドルに加わる偶力

4.4.2 • 偶力のモーメント

　ここで，偶力の性質を考えてみましょう．図 4-4-2 のように，円板に大きさ F の 2 力が平行に働いている場合，これら 2 力を合成すると，上向きを正として，

$$F + (-F) = 0$$

となり，物体を平行移動させる働きはありません．

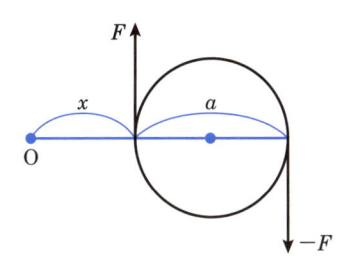

◆図 4-4-2　偶力のモーメント

　次に，2 力のモーメントの和を考えてみましょう．図 4-4-2 のように，点 O から上向きに働く力 F の作用点までの距離を x，2 力の作用線間の長さを a とすると，点 O まわりの力のモーメントの和は，反時計回りの向きを正とすると，

$$N = Fx + \{-F(x+a)\} = -Fa$$

と求められます．

2力のモーメントの和が負となるので，時計回りに回転する能力が得られることになります．つまり，このとき偶力 F は，円板を時計回りに回転させる働きをもっているということがわかります．

> **偶力のモーメント**
>
> 偶力のモーメント $N = Fa$
>
> （$N > 0$…反時計回り，$N < 0$…時計回り）

小　ひねりづらい
回転半径が小さい
⇒力がたくさん必要

大　ひねりやすい
回転半径が大きい
⇒力はそれほど不要

◆図 4-4-3　偶力：水道の例

4.5 剛体のつり合い

4.5.1 ● 力のつり合いと力のモーメントのつり合い

　壁に立てかけた棒が静止するためにはどのような条件が成り立てばよいか考えてみましょう．たとえば，棒が倒れるときの動きをみると，これまでの質点の平行移動とは違った動きで少々複雑です（図 4-5-1）．

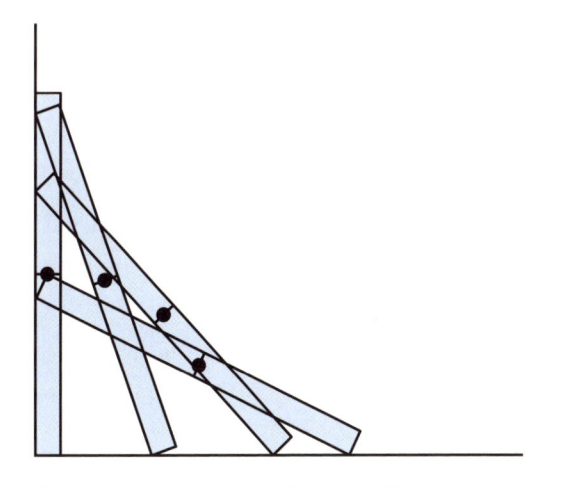

◆図 4-5-1　壁に立てかけた棒が倒れる様子

　動きが複雑なのは，平行移動と回転という二つの動きが同時に起こるからで，棒が静止状態を保つには，平行移動と回転が起こらなければよいということになります．よって，棒のような剛体に，これらの動きが起こらないようにするための条件として，平行移動させないためには力のつり合いの式，回転させないためには力のモーメントのつり合いの式を立てて考えていきます．

> **剛体のつり合い**
> ①力のつり合い ⇒ 平行移動しないための条件
> ②力のモーメントのつり合い ⇒ 回転しないための条件

4.5.2 ● 実際の計算方法

　前述のとおり，静止している剛体において成り立つ関係式は，力のつり合いの式と力のモーメントのつり合いの式の2種類です．

　力のつり合いでは，たとえば，"ある物体に左向きの力と右向きの2力が働き，それら二つの大きさが等しい"という式を立てました．それに対して，力のモーメントのつり合いでは，回転方向には時計回りと反時計回りがあることから，"時計回りの力のモーメントと反時計回りの力のモーメントの大きさがそれぞれ等しい"という式を立てることで成り立ちます．

　また，力のつり合いの式は，物体に働く力において，「合力＝0」という式を立てても成り立ちましたが，これと同様に，「力のモーメントの和＝0」という式を立てても，力のモーメントのつり合いが成り立ちます．では，剛体が静止している場合に成り立つ式を実際に立ててみましょう．

　たとえば，図4-5-2のように，質量を無視できる軽い棒をつるして，その両端に力 F_1 と F_2 が働き，静止しているとします．

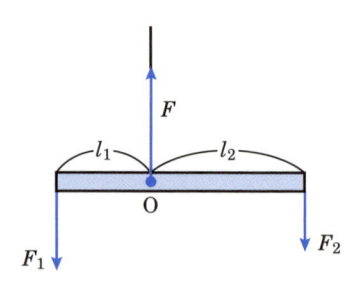

◆図4-5-2　軽い棒のつり合い

　このときに成り立つ力の関係式は，力のつり合い（合力＝0）と力のモーメントのつり合い（力のモーメントの和＝0）であり，この2種類の式を立てると，次のようになります．
①力のつり合いより，

$F = F_1 + F_2$

　　$\Leftrightarrow$ 合力 $(-F_1) + (-F_2) + F = 0$

②点 O まわりの力のモーメントのつり合いより，

　$F_1 l_1 = F_2 l_2$

　（反時計回りの力のモーメントの大きさ）＝（時計回りの力のモーメントの大きさ）

　　$\Leftrightarrow$ 力のモーメントの和＝0 より，$F_1 l_1 + (-F_2 l_2) = 0$
　　　　　　　　　　　　　　　　　　　　反時計回り　時計回り
　　　　　　　　　　　　　　　　　　　　　…正　　　　…負

　このように，剛体の問題では，これら二つの関係式を立て，連立させることで，未知数を求めていきます．

　また，①と②の条件式は，はじめから，

　①合力＝0 より，$(-F_1) + (-F_2) + F = 0$

　②力のモーメントの和＝0 より，$F_1 l_1 + (-F_2 l_2) = 0$

と考えてもよいでしょう．

練習問題 4-2

長さ $2l$，重さ W の一様な棒が 4-5-3 図のように壁に立てかけてある．これについて，次の問(1)〜(5)に答えよ．

(1) 棒が壁から受ける抗力を R_1，床からの垂直抗力を R_2，床と棒の間の摩擦力を F として，棒に作用する力を図に示せ．

(2) 水平方向の力のつり合いを示せ．

(3) 鉛直方向の力のつり合いの式を示せ．

(4) 点 B まわりの力のモーメントのつり合いの式を示せ．

(5) 床と棒の静止摩擦係数を μ とすると，$\tan\theta$ がいくらのときに棒が滑りはじめるか．

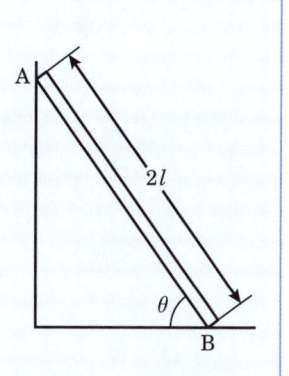

◆図 4-5-3　練習問題 4-2

解 答

(1) 棒に働く力は，重力および接触力を考えることから，図 4-5-4 のようになります．

(2) 水平方向の力のつり合いから，$R_1 = f$ …①

(3) 鉛直方向の力のつり合いから，$W = R_2$ …②

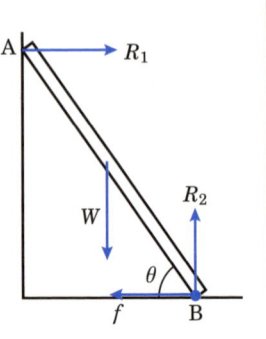

(5) 図 4-5-5 のように，R_1，W を棒に平行な方向と垂直な方向に成分分解します．そして，点 B まわりの力のモーメントのつり合いの式を立てると，次のようになります．
$$W\cos\theta \cdot l = R_1 \sin\theta \cdot 2l \quad \text{…③}$$

◆図 4-5-4　棒に働く力

(6) ③より，
$$\frac{\sin\theta}{\cos\theta} = \frac{W}{2R_1} \quad \text{…④}$$

ここで，θ が変化することで，f が最大摩擦力に達したときに棒は滑り始めることから，
$$f = \mu R_2$$
となり，これを①に代入すると，
$$R_1 = \mu R_2$$
となります．したがって，②より，
$$R_2 = W$$
であり，
$$R_1 = \mu R_2 = \mu W$$
となることから，④より求める $\tan\theta$ の値は次のようになります．
$$\tan\theta = \frac{\sin\theta}{\cos\theta} = \frac{W}{2R_1} = \frac{W}{2\mu W} = \frac{1}{2\mu}$$

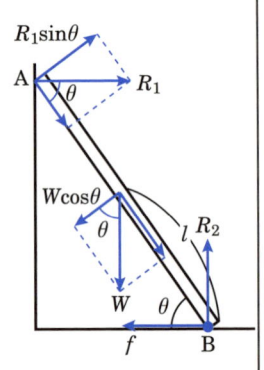

◆図 4-5-5
棒に働く力の成分分解

4.6 重 心

4.6.1 ● 重心とは

重心とは，重さが集中する点のことです．重さが集中する点は質量で決まることから，質量の中心とも呼ばれます．大きさをもつ剛体では，そのどこかに重さが集中する点があり，その点にひもを取り付けてつるすと安定します．

たとえば，密度が一様で，かんたんな形の物体であれば，重心の位置は単純に真ん中に決まります．

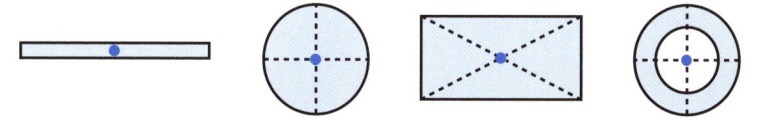

◆図4-6-1 重心が真ん中にある場合

また，複雑な形をしている物体であっても，どこか2ヶ所にひもをつけてつるしたときの力の作用線の交点から求めることができます．

まず，適当な場所に糸を取り付けてつるします．すると，物体は回転して，ある向きで静止します．このとき，張力の作用線がちょうど重心を通る向きになった状態で静止しています．

さらに，別の場所に糸を取り付けてつるすと，物体は回転し，ある向きで静止します．このときの張力の作用線と，前で求めた作用線の交点Gが重心です．

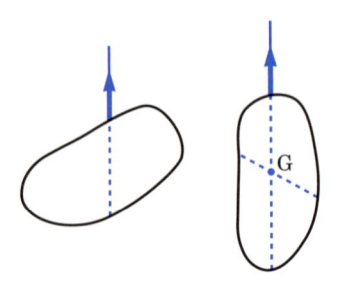

◆図 4-6-2 複雑な形をした剛体の重心

4.6.2 • 2 球の重心の場所を求める

■ 比で求める方法

図 4-6-3 において，質量 m_1，m_2 の物体 A，B の重心の位置を G とすると，点 G まわりの力のモーメントがつり合うことから，重力加速度を g として，

$$m_1 g \cdot x_1 = m_2 g \cdot x_2$$

となります．したがって，

$$\frac{m_1}{m_2} = \frac{x_2}{x_1} \text{より，} \quad x_1 : x_2 = m_2 : m_1$$

つまり，重心 G の位置は物体 A，B の中心間の距離を質量の逆比で内分した点となります．

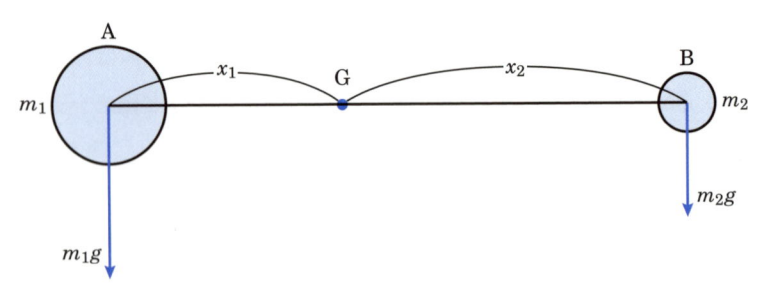

◆図 4-6-3 重心の場所を比で求める

重心の位置

二つの物体における重心の位置は，物体間の距離を質量の逆比で内分する．

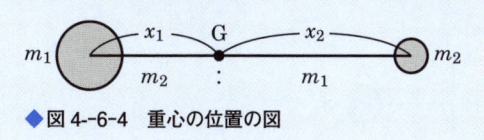

$x_1 : x_2 = m_2 : m_1$

◆図4-6-4　重心の位置の図

■ 座標で求める方法

今度は，質量の無視できる軽い棒に2球が両端に付いている場合を考えます．棒上のある点をひもでつるしたとき，棒が回転せずに静止を保つ場所が重心です．したがって，図4-6-5のように，棒上の一点を重心Gと仮定し，力のモーメントのつり合いを考えます．

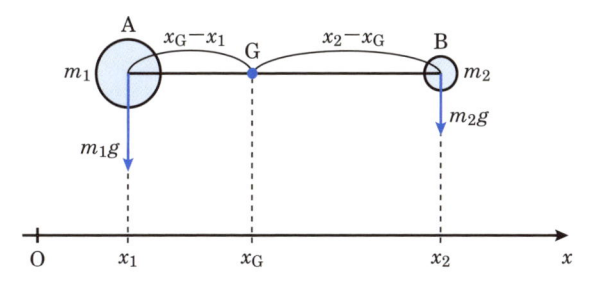

◆図4-6-5　重心の場所を座標で求める

点Gまわりの力のモーメントのつり合いを考えて，

$m_1 g(x_G - x_1) = m_2 g(x_2 - x_G)$

$(m_1 + m_2)x_G = m_1 x_1 + m_2 x_2$

$\therefore x_G = \dfrac{m_1 x_1 + m_2 x_2}{m_1 + m_2}$

重心の座標

重心の座標 $x_G = \dfrac{m_1 x_1 + m_2 x_2}{m_1 + m_2}$

以上より，同様に図のような2次元平面内における重心を求めてみます．

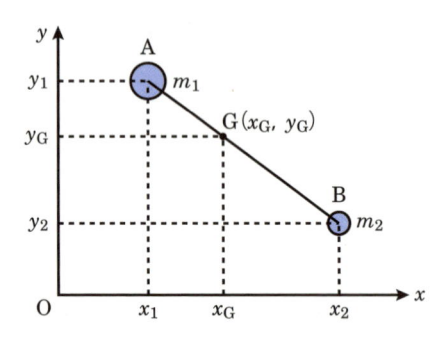

◆図 4-6-6　2次平面内における重心

A，B 間の重心 G(x_G, y_G) は，

$$x_G = \frac{m_1 x_1 + m_2 x_2}{m_1 + m_2}$$

$$y_G = \frac{m_1 y_1 + m_2 y_2}{m_1 + m_2}$$

と求まります．

練習問題 4-3

質量 m，半径 r（中心 O）の一様な厚さの円板から，図 4-6-7 のように半径 $\frac{r}{2}$ の円板 a をくり抜き，残りの三日月形の部分を b とする．次の問いに答えよ．

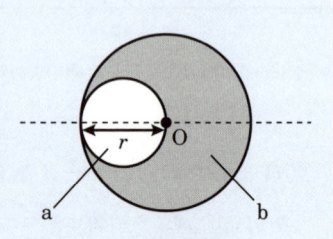

◆図 4-6-7　練習問題 4-3

(1) a，b の質量はそれぞれいくらか．
(2) b の重心の位置を求めよ．

解答

(1) 半径 r の円の全面積は πr^2 で，質量が m です．質量は面積に比例することから，a，b それぞれの面積を求めると，

$$a : \pi \left(\frac{r}{2}\right)^2 = \frac{1}{4}\pi r^2$$

$$b : \pi r^2 - \frac{1}{4}\pi r^2 = \frac{3}{4}\pi r^2$$

これより，a，b の質量を m_a，m_b とすると，

$$m_a : m_b = \frac{1}{4}\pi r^2 : \frac{3}{4}\pi r^2 = 1 : 3$$

となるので，

$$m_a = \frac{1}{4}m, \quad m_b = \frac{3}{4}m$$

(2) 求める重心の点 G は，半径 r の円から，円板 a がくり抜かれたことにより，円の中心 O より右側に位置すると予想されます．ここで，くり抜かれた円板 a が元の場所に戻ってきたとすると，点 A に集まる a の質量と点 G に集まる b の質量の重心が点 O に一致する，という関係式が立てられます．

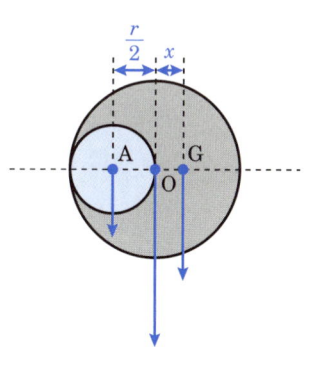

◆図 4-6-8　解説(2)-1

点 O から点 A までの距離は $\frac{r}{2}$，点 O から b の重心 G までの距離を x とすると，重心の式より，

$$\frac{r}{2} : x = \frac{3}{4}m : \frac{1}{4}m = 3 : 1$$

$$3x = \frac{r}{2} \quad \therefore x = \frac{r}{6}$$

したがって，b の重心は点 O から右に $\frac{r}{6}$ のところにあります．

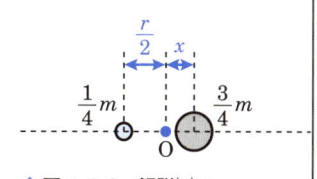

◆図 4-6-9　解説(2)-2

練習問題 4-4

一片が $2l$ の正方形から，一辺が l の正方形を切り取った，図4-6-10のような平板 ABCDOE がある．この平板の重心 G の位置を求めよ．

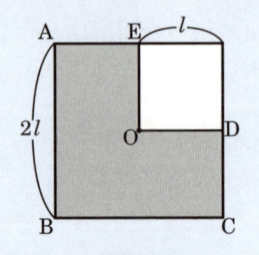

◆図4-6-10　練習問題4-4

解答

平板 ABCDOE は一辺 l の正方形が三つ集まっていると考えて，これら三つの正方形の重心の座標を用いて点 G を求めます．

そこで，図形を傾けて，図4-6-11のように xy 座標平面上に置いて考えると，図形の対称性から，重心は x 軸上にあることがわかります．

そこで，三つの正方形のそれぞれの質量を m とおき，これらの重心の x 座標 $x_1 = 0$，$x_2 = 0$，$x_3 = \dfrac{\sqrt{2}}{2}l$ から，重心の座標を求める公式を用いると，重心 G の x 座標は，

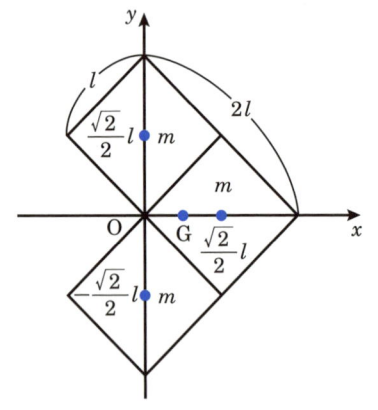

◆図4-6-11　平板を傾ける

$$x_G = \frac{m_1 x_1 + m_2 x_2 + m_3 x_3}{m_1 + m_2 + m_3}$$

$$= \frac{m \cdot 0 + m \cdot 0 + m \cdot \dfrac{\sqrt{2}}{2}l}{m + m + m} = \frac{\sqrt{2}}{6}l$$

となります．

したがって，重心の位置は，OB 上の点 O から $\dfrac{\sqrt{2}}{6}$ の位置にあります．

第5章

ニュートンの運動の法則

ポイント

　物理における物体の運動状態を示す式として一番重要な式が，本章で学習する運動方程式ではないでしょうか．物理学の考えの土台となる古典力学において『ニュートンの運動の法則』をしっかりと理解し，運動方程式を立てられるようになることが，物理を理解するうえでとても大切になります．いろいろな例題を通して，運動方程式を立てる練習をしていきましょう．

5.1 ニュートンの運動の法則とは

　ここまで，物体の運動について，速度や加速度などの値を計算してきましたが，そもそもの"物体がなぜそのような運動をするのか？"といった疑問までは，くわしく説明はしてきませんでした．本章では，なぜ物体がそのような運動をするのか，ということに焦点を当てて考えていきましょう．

　物体の運動を考えるときに，その土台となる最も大切な法則は，イギリスの物理学者ニュートン（Newton：1643-1727）によって提唱された**ニュートンの運動の法則**です．この運動の法則は，三つの法則により成り立っていて，これらを理解することで，物体の運動状態を正しく説明することができます．

　たとえば，静止している物体を運動させるには，その物体を力強く押せばよいでしょう．つまり，"力を加える"ということが必要だということがわかります．これは，物体に力が働くと，加速度が生じるということを示していて，実験を通してわかった大切な関係です．このように，力と運動の関係はとても重要ですが，これらの関係を，ニュートンは，1687年に書かれた有名な書物『Philosophiae Naturalis Principia Mathematica（自然哲学の数学的諸原理，通常『プリンキピア』と略称されます）』の中で，力学の基礎的な三つの法則として提唱しました．それがニュートンの運動の法則です．

　ニュートンの運動の法則は，次の三つの法則から成り立っています．

> **ニュートンの運動の法則**
> 　第1法則：慣性の法則
> 　第2法則：運動の法則
> 　第3法則：作用・反作用の法則

　物体の運動を理解するためには，まずこれらのニュートンの運動の法則をしっかり頭に入れておくことがとても大切です．なお，第3法則の作用・反作用の法則は前述しているため（3.3.4参照），次節より第1法則と第2法則について説明します．

5.2 慣性の法則

5.2.1 • 慣性の法則とは

　ニュートンの運動の第1法則である慣性の法則について，まず「慣性」という言葉を身近な現象を考えることで理解しましょう．たとえば，人が乗り物に乗ったとき（そのときに起こる現象）というのは，慣性の性質がよく表れる場面です．これを次の二つのシチュエーションを例にとって説明してみましょう．

■ 急停止のケース

　走行中の電車が急にブレーキをかけ，急停止したとします．このとき，手すりやつり革につかまって立っていた人は，電車の進行方向に体が傾いてしまうでしょう．このようにして体が傾くのは，人に対して何か力が働いたからではなく，**人には運動を続ける性質がある**ために，電車が止まっても体が前に進もうとするからです．

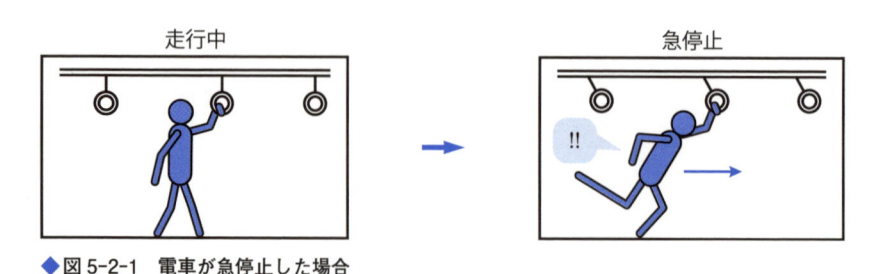

◆図 5-2-1　電車が急停止した場合

■ 急発進のケース

今度は，静止していたジェットコースターが急発進したとしましょう．すると，乗っている人の体は，進行方向とは逆向きに引っ張られる感じがして，後方に傾いてしまいます．これも急停止のときと同様に，人に対して後方に力が働いたからではなく，**人には静止を続けようとする性質がある**ために，頭の部分は後ろに残ろうとしているのです．直接シート部分に触れている腰や背中だけが前に押されて，結果体が傾くという現象が起きます．

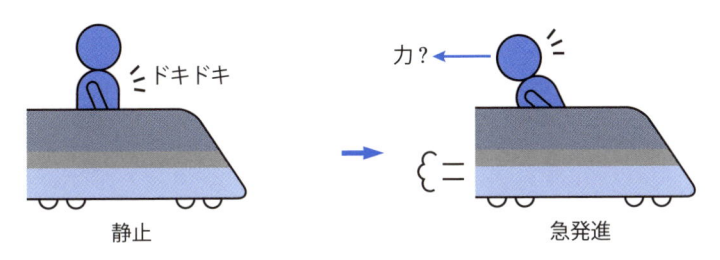

◆図 5-2-2　ジェットコースターが急発進したとき

以上より，急停止，急発進それぞれの状態に共通していえることは，どちらも，人の体が傾くのは，傾く方向に力を受けたからではなく，現在の状態を維持したいという性質が人自身（＝自然界）に備わっているからです．このように，物体が現在の状態を保とうとする性質を慣性といいます．

そして，ニュートンは，この慣性によって起こることを次のように「慣性の法則」として定義しました．

> **慣性の法則（ニュートンの運動の第 1 法則）**
> 物体は，外から力を受けなければ静止を続けるか，等速直線運動を続ける．

地面に物体を置くと，いつまでも静止を続けるはずが，飛行機や列車内の床の上であると，静止していた物体が勝手に動いてしまったり，等速直線運

動をしなかったりする場合があります．これは，静止した地面の上における慣性と，飛行機や列車内における慣性が，異なることを示しています．そこで，これから運動を考えていく場合に，運動の基準をどこに定めるかが重要になってきます．静止した地上の床の上で物体が運動する場合には，静止した地上が基準となり，飛行機や列車内の床の上で物体が運動する場合には，飛行機や列車内の床の上が基準となります．

　一般に慣性の法則が成り立つ場合，その基準を慣性系と呼びます．静止した地面の上は慣性系であり，飛行機や列車内では一般に，非慣性系ということになります．

5.3 運動の法則

5.3.1 ● 運動の法則とは

　慣性の法則は，物体に力が加わらなければ，どのような状態が成り立つのか，ということを説明したものでした．それに対して，物体に力を加えたらどのような状態になるのか，ということをまとめたのが運動の法則，すなわちニュートンの運動の第2法則です．

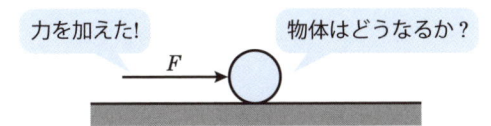

◆図5-3-1　ニュートンの運動の第2法則

　たとえば，摩擦のないなめらかな床の上に静止している物体に力を加えるとしましょう．すると，物体は力を加えた方向に動き出します．つまり，力を加えると物体の状態は「静止→運動」に変化し，力は速度を生むことがわかります．力を継続して加え続ければ，速度がどんどん増していき，加速度が生じます．

　ボールを1回蹴ると，ボールはある速度で運動しはじめます．そのときの速度を v とします．そのボールを追いかけていって，もう一度蹴ると，速度はさらに増して $2v$ となりました．そして，さらに追いかけていって蹴ると，ボールの速度は $3v$ となりました．

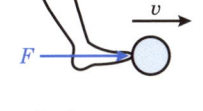

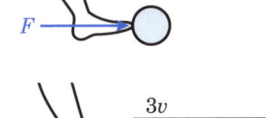

◆図5-3-2　蹴ることにより加速するボール

　"ボールを蹴る" という動作は，ボールに力を加えるという動作と同じで

あり，この現象は，物体に力が継続的に働くと力を加えた方向に速度が増していくということを表しています．つまり，物体に力が働くと力の方向に加速度が生じるということです．ここで，力と加速度の関係を詳しく調べるために，実験をしてみましょう．

5.3.2 ● 力と加速度に関する実験

質量 m の物体に力 F を加えて，力 F を変化させたときの加速度 a の値，また，質量 m を変化させたときの加速度 a の値を測定するという実験を考えてみます．

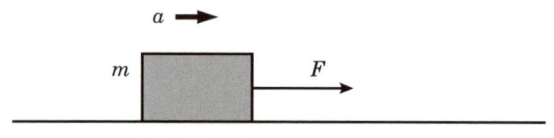

◆図 5-3-3　運動の第 2 法則の実験

■ 加速度 a と力 F の関係

物体の質量を一定に保ち，力 F を 2 倍，3 倍…と増やしていったところ，物体の加速度 a も 2 倍，3 倍…と増えていきました．

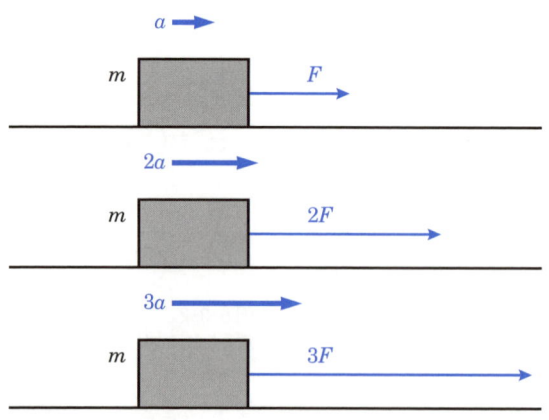

◆図 5-3-4　加速度 a と力 F の関係

この結果を表にまとめ，グラフ化すると，次のようになりました．

力	0	F	$2F$	$3F$
加速度	0	a	$2a$	$3a$

◆図 5-3-5　力と加速度の関係

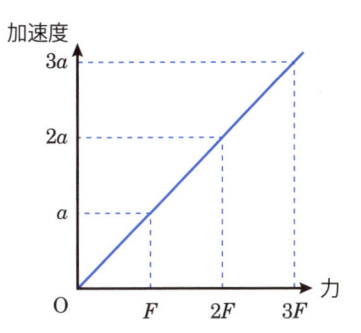

◆図 5-3-6　力に対する加速度のグラフ

実験結果より，力 F と加速度 a は<u>比例</u>の関係にあるということがわかります．

力と加速度の関係
　加速度は力に比例する．

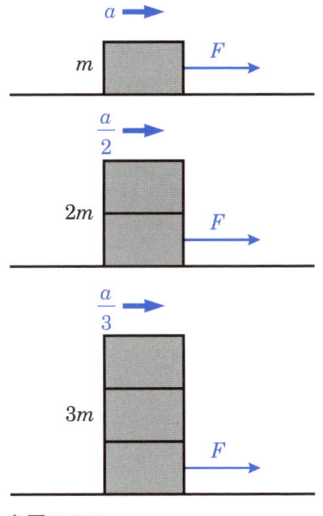

◆図 5-3-7　加速度 a と質量 m の関係

加速度 a と質量 m の関係

今度は，物体に加える力 F を変えずに，質量 m を 2 倍，3 倍…と増やしてみます．すると，加速度 a は，$\dfrac{1}{2}$，$\dfrac{1}{3}$…と，徐々に減っていきます．

この結果を表にまとめ，グラフ化すると，次のようになりました．

第5章 ニュートンの運動の法則

質量	m	$2m$	$3m$
加速度	a	$\dfrac{a}{2}$	$\dfrac{a}{3}$

◆図 5-3-8　質量と加速度の関係

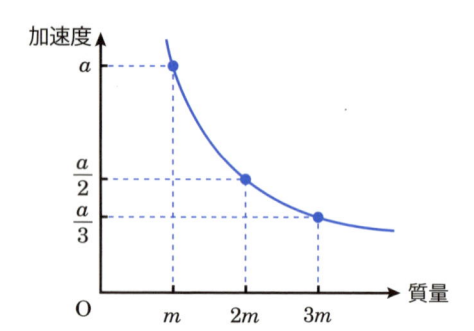

◆図 5-3-9　質量に対する加速度のグラフ

　実験結果の図 5-3-9 を見ると，質量が大きくなるにつれ加速度が小さくなるので，加速度と質量は，反比例の関係にあります．また，物体に一定の力を加えて引っ張った場合，質量の大きい物体ほど動きにくいというのは，私たちの実感からもわかることでしょう．

> **質量と加速度の関係**
> 　加速度は質量に反比例する．

　以上から，ニュートンの運動の第 2 法則は次のように定義することができます．

> **運動の法則（ニュートンの運動の第 2 法則）**
> 　物体に力が働くとき，力の方向に加速度が生じ，その大きさは加わる力の大きさに比例し，物体の質量に反比例する．

質量が大きい物体ほど動きにくい，という実験結果が得られましたが，これは，質量が大きいほど物体の速度が変化しにくい，ということを示しています．「物体に力が働かないときに物体は速度を変えないという性質」が慣性ですから，質量が大きい物体は質量が小さい物体よりも慣性が大きいということがいえます．この慣性の大きさを表す量を慣性質量といいます．また，慣性質量は単に質量とも呼ばれます．物体の運動状態について考えるときは，質量という量も考える必要があります．

5.4 運動方程式

5.4.1 ● 運動方程式を導く

　ニュートンの運動の第2法則より導かれる，物体に働く力と加速度の関係式を**運動方程式**といいます．運動方程式をたてることによって，物体の加速度が求まり，さらに，加速度を時間で積分していくことで，速度や変位など求めることができます．つまり，運動方程式から，物体の運動状態を表す多くの量を求めることができます．

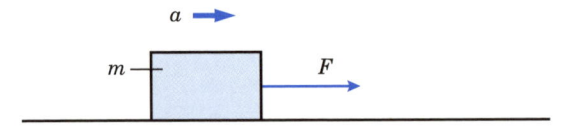

◆図 5-4-1　運動の第2法則の実験の様子

　ニュートンの運動の第2法則では，加速度 a と力 F，質量 m の関係について，加速度 a は力 F に比例することから，

　　$a \propto F$

また，加速度 a は質量 m に反比例することから，

　　$a \propto \dfrac{1}{m}$

が成り立ちます．これらの関係を一つにまとめると，

　　$a \propto \dfrac{F}{m}$ より，$F \propto ma$

となります．ここで，比例定数 k を用いて等式にすると，

　　$F = k \cdot ma$

となります．ここでたとえば，$m = 1 \, \mathrm{[kg]}$，$a = 1 \, \mathrm{[m/s^2]}$ と具体的な値を代

入すると，

$F = k \cdot 1 \cdot 1 = k$

となり，力 F の値が求まりますが，k という比例定数が入ったままになってしまいます．ここで，$k=1$ と決め，このときに求められる力の大きさに〔N〕（ニュートン）という新しい力の単位を用いることにしました．これにより，

$k=1$ より，$F=ma$

となり，

$ma=F$

として運動方程式が導かれました．

> **運動方程式**
>
> $\underset{[\text{kg}]}{m}\ \underset{[\text{m/s}^2]}{a} = \underset{[\text{N}]}{F}$
>
> 質量×加速度＝物体に働く力の和（合力）

運動方程式を立てる際に注意すべき点は，右辺の力を表わす F が**物体に働く力の和（合力）**であるということです．物体に働く力は，いつも一つだけであるとは限りません．複数の力が働く場合は，力が働く方向から正負を考えて力の和をとります．

5.4.2 ● 物体に働く重力

地球上の物体は，すべて地球により引っ張られています．このとき地球から物体に働いている力を重力といいます．そして，落下運動をしている質量 m の物体は，重力を受け続けながら重力加速度 g の等加速度運動をします．よってこの物体に対して運動方程式を立てることができます．

質量 m〔kg〕の物体に重力 W が鉛直下向きに働いていて，そのときに生じる加速度は重力加速度 g〔m/s^2〕なので，運動方程式より，

$$ma = F$$
$$\downarrow\downarrow \quad \downarrow$$
$$mg = W$$

となり，重力 $W = mg$〔N〕と求められます．

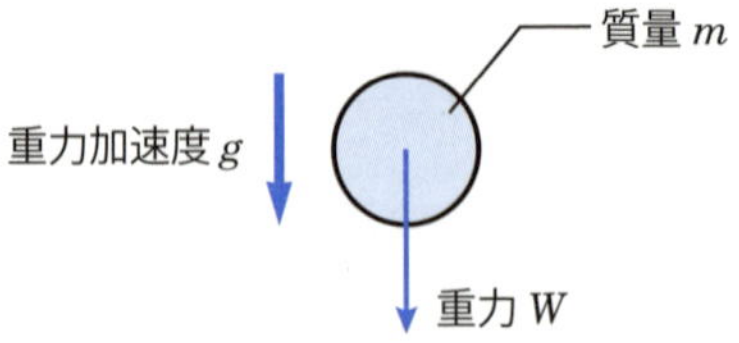

◆図 5-4-2　重力と重加速度

> **物体に働く重力の大きさ**
> 質量 m〔kg〕の物体に働く重力の大きさ W〔N〕は，重力加速度を g〔m/s^2〕として，
> $$W = mg$$
> （向き：鉛直下向き）

重力加速度は $g = 9.8$〔m/s^2〕なので，1.0〔kg〕の質量をもつ物体に働く重力の大きさは $W = mg = 1.0 \times 9.8 = 9.8$〔N〕ということになります．これより，おおよその値として 1.0〔kg〕の重さが 10〔N〕と考えておくと，単位 N（ニュートン）を用いた力の大きさをイメージしやすいでしょう．

5.4.3 ● 運動方程式のたて方

運動方程式は $ma = F$ という形で表されますが，状況に応じ，いろいろなパターンについても正確な式を立てることを心がけましょう．たとえば，運動方程式について，次のような問題を考えてみます．

■ 運動方程式のたて方

質量 m の物体を力 F で引っ張ったときに、逆向きの摩擦力 f が働き、加速度 a が生じている場合について、運動方程式を求めてみましょう。

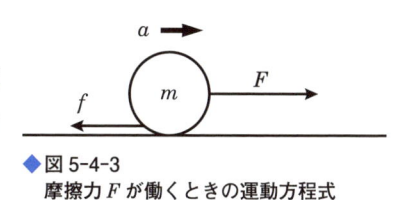

◆図 5-4-3
摩擦力 F が働くときの運動方程式

この場合、解答は、運動方程式が $ma=F$ より、左辺はそのまま(質量)×(加速度)より、ma となります。次に、右辺について、考えてみます。物体には、力 F と f という二つの力が反対向きに働いています。ここで、右向きに力 F、左向きに力 f が働き、引っ張り合いをした場合に"どちらが勝つか"を考えてみましょう。物体は右向きに加速度 a で動き出したことから、F のほうが f よりも大きいことが考えられるでしょう。つまり、F が勝ちました。したがって、右辺は勝ったほうの力から負けたほうの力をひいて、$F-f$ となります。以上から、求める運動方程式は、

$$ma = F - f$$

となります。このように、運動方程式をたてる作業は決して難しいものではありません。

それでは、この運動方程式のたて方についてくわしく考えてみましょう。

①物体に着目して、力を描き入れる

これは、前述の力の見つけ方の 3 ステップで学んだとおりです。まずは、運動方程式を立てる対象の物体に着目します。この場合は質量 m の物体ですが、着目した印として色づけを

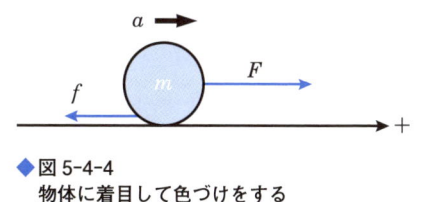

◆図 5-4-4
物体に着目して色づけをする

するとわかりやすくなります。そして、物体に働く力である重力と接触力を同じ色で書き込みます。この問題の場合には、すでに運動方程式に必要な力が図にあるため、さらに書き込む必要はありません。

②左辺を作ろう

まず左辺は，質量×加速度の ma なので，着目した物体の質量と加速度を掛け算します．

$$\therefore\ ma$$

③右辺を作ろう

物体には右向き F，左向き f の二つの力が働いていて，先ほど説明したように，この2力について「F と f が物体に働いて引っ張り合った結果，右向きの力 F が勝ち，右向きの加速度が得られた」と考えました．このことから，勝ったほうの力から負けたほうの力を引いた力の式 $F-f$ が運動方程式の右辺になりましたが，正負の方向を考えることで，次のように式を作ることもできます．

加速度の方向を正にとった場合（図5-4-4参照），右向きの力は正で $+F$，左向きの力は負で $-f$ となります．したがって，これらの力 $+F$ と $-f$ の和をとれば，$F-f$ となります．つまり，この $F-f$ は力の和ですから，合力となります．物体に働く力が複数の場合において，運動方程式 $ma=F$ の右辺の F は，物体に働く合力を求めればよいわけです．

$$\therefore\ F-f$$

④左辺と右辺を等号で結ぼう

②で求めた左辺と③で求めた右辺をイコールで結めば，運動方程式が完成します．

$$ma = F - f$$

運動方程式のたて方のポイント
　①物体に着目して，働く力を描き入れる
　②左辺の ma を作る
　③物体に働く合力を考えて右辺 F を作る
　④$ma = F$ とする運動方程式のできあがり

5-4 ■ 運動方程式

練習問題 5-1

質量 m の物体を軽い糸をつなぎ，糸の他端を手でもって鉛直方向に運動させよ．重力加速度の大きさを g として次の問いに答えよ．

(1) 物体が静止しているとき，糸の張力 T_1 はいくらか．

(2) 物体が鉛直上向きに一定の加速度 a で運動しているとき，糸の張力 T_2 はいくらか．

(3) 物体が鉛直下向きに一定の加速度 a で運動しているとき，糸の張力 T_3 はいくらか．

(4) 物体が鉛直上向きに一定の速度 v_0 で運動しているとき，糸の張力 T_4 はいくらか．

◆図 5-4-5 練習問題 5-1

解答

ここでは運動方程式を立て，そこから張力を導いていきます．

運動方程式を立てる準備として，物体に働く力を正確に書き出さなければなりません．そこで，次の物体に働く力の見つけ方の 3 ステップを考えます．

①物体に着目し，色をつける
②重力を描き込む
③接触力を描き込む

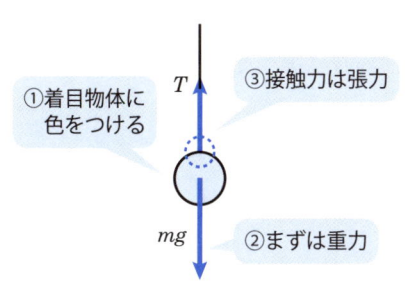

◆図 5-4-6 物体に働く力の 3 ステップ

①着目物体に色をつける
②まずは重力
③接触力は張力

③については，おもりが外部と接触している部分は糸なので，おもりは，糸と接触している部分から力をもらいます．この力は糸が引く張力です．

151

(1) 物体が静止しているので，加速度 $a=0$ となります．したがって，運動方程式は，糸の張力を T_1，鉛直上向きを正として，次のようになります．

$$m \cdot 0 = T_1 - mg \quad \therefore T_1 = mg$$

◆図 5-4-7
物体が静止しているときに働く力

(2) 加速度 a を鉛直上向きに設定すると，運動方程式は次のように求められます．

$$ma = T_2 - mg$$
$$\therefore T_2 = m(a+g)$$

(3) 加速度 a を鉛直下向きに設定すると，運動方程式は次のように求められます．

$$ma = mg - T_3$$
$$\therefore T_3 = m(g-a)$$

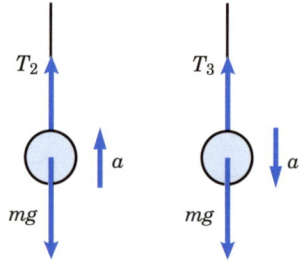

◆図 5-4-8
物体が加速度 a で運動するときに働く力

(4) 速度 v_0 で鉛直上向きに運動している場合は等速度運動であり，加速度 $a=0$ です．このことから，(1)と同じ要領で運動方程式を立てると，

$$m \cdot 0 = T_4 - mg \quad \therefore T_4 = mg$$

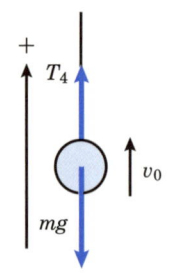

◆図 5-4-9
物体が速度一定で運動するときに働く力

練習問題 5-2

軽い定滑車に質量の無視できる糸をかけて,その両端に質量 M と質量 $m(M>m)$ のおもり A, B をつないだ(これをアトウッドの滑車という).この状態で最初はおもり A を手で支えていたが,その手を離して A, B を運動させた.重力加速度の大きさを g としたとき,次の三つの量を求めよ.

(1) おもりの加速度の大きさ
(2) 糸の張力の大きさ
(3) 天井が滑車から受ける力の大きさ

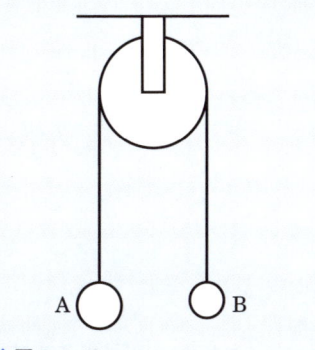

◆図 5-4-10
練習問題 5-2(アトウッドの滑車)

解 答

滑車の問題はよく出題されますが,解答のポイントは,「ピンと張った,質量の無視できる糸の張力はどこでも等しい」および「接触部分に働く力は作用・反作用の関係がある」の2点です.これらに注意して,それぞれの物体について運動方程式を立てていきます.

(1) A, B それぞれに着目して力の矢印を描き入れ,運動方程式を立てます.

A, B それぞれの加速度を図 5-4-11 のように決め,その大きさを a とおくと,運動方程式より,

A: $Ma = Mg - T$ …①

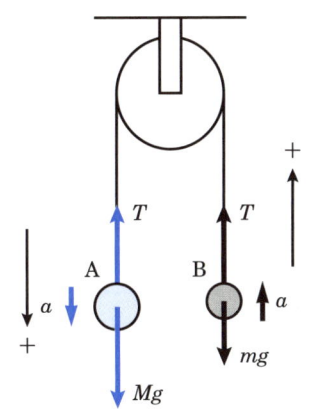

◆図 5-4-11
物体 A, B に働く力と生じる加速度

$B: ma = T - mg$ …②

①+②より，

$Ma + ma = Mg - T + T - mg = Mg - mg$

$(M+m)a = (M-m)g$

$a = \dfrac{M-m}{M+m} g$

(2) ②より，

$T = ma + mg = m \cdot \dfrac{M-m}{M+m} g + mg$

$= mg\left(\dfrac{M-m}{M+m}\right) + 1 = \dfrac{2Mm}{M+m} g$

(3) 滑車に働く力を図示すると図5-4-12のようになり，滑車が天井から受ける力を F とすると，滑車におけるつり合いの式より，

$F = 2T$

となります．ここで，求める力である「天井が滑車から受ける力」は，滑車が天井から受ける力の F と作用反作用の関係にあるので，大きさは F で同じです．

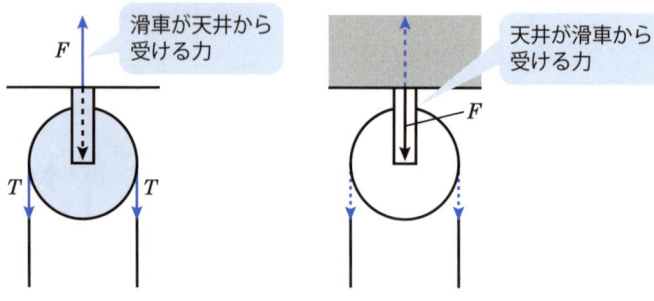

◆図5-4-12　滑車と天井に働く力

したがって，求める力は F となり，

$F = 2T = 2 \times \dfrac{2Mm}{M+m} g = \dfrac{4Mm}{M+m} g$

5-4 運動方程式

練習問題 5-3

水平面と角 θ をなす粗い斜面上を物体が滑り降りている．この物体と斜面の間の動摩擦係数を μ' とすると，物体の加速度の大きさはいくらか．ただし，重力加速度の大きさを $g\,[\mathrm{m/s^2}]$ とする．

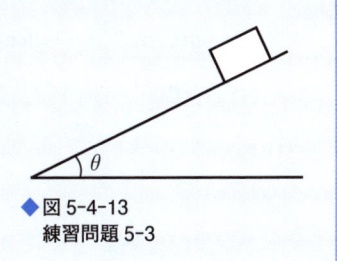

◆図 5-4-13 練習問題 5-3

解答

まずは，物体に着目して力の矢印を描きます．そして，斜面に平行な方向と垂直な方向について運動方程式を立てていきます．

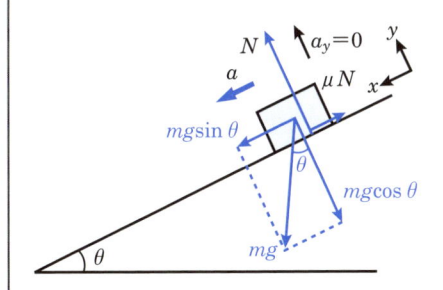

◆図 5-4-14 斜面上を滑り降りる物体に働く力

物体の質量を m とします．

斜面に平行な x 方向について，斜面下向きに物体の加速度を a とすると，物体の運動方程式は，

$\quad ma = mg\sin\theta - \mu' N \quad \cdots ①$

斜面に垂直な y 方向について，物体の加速度は $0\,(a_y = 0)$ であることから，物体の運動方程式は，

$\quad m \cdot 0 = N - mg\cos\theta$

$\quad \therefore N = mg\cos\theta \quad \cdots ②$

①に②を代入して，

$ma = mg\sin\theta - \mu' mg\cos\theta$

$\therefore a = g\sin\theta - \mu' g\cos\theta = g(\sin\theta - \mu'\cos\theta)$

TOPICS

重力,重さと質量

「重さ」,「質量」,「重力」という三つ量は互いに似通った意味で使われる場合がありますが,物理では,しっかりと区別して使わなければなりません.ここで,これらの意味を確認しておきましょう.

① 重さ＝重力

"重力"と"重さ"はどちらも同じ量を示し,地球が物体を引く力の大きさを表します.たとえば,質量1.0〔kg〕の物体において,1.0〔kg〕という〔kg〕の単位で示される量は質量を示しますが,重さや重力は〔N〕や〔kgw〕(キログラム重)などを単位に用いた量になります.1.0〔kg〕を単位〔kgw〕で表す場合は,質量1.0〔kg〕の1.0をそのまま用いて"1.0〔kgw〕"と表します.それに対して,〔N〕(ニュートン)で表す場合は,重力の式 $W = mg = 1.0 \times 9.8 = 9.8$〔N〕と求まります.単位〔N〕を用いる場合は,質量に重力加速度9.8〔m/s^2〕をかければよいでしょう.

つまり,質量1.0〔kg〕の物体の重さや重力は,1.0〔kgw〕または9.8〔N〕となります.これより,〔N〕で表される重さは〔kgw〕で表される重さの9.8倍になります.よって,1.0〔kg〕の物体の場合,次の関係が成り立ちます.

$$1.0 \text{〔kgw〕} = 9.8 \text{〔N〕}$$

② 重さ≠質量

質量は物体自身がもつ量で,その単位には〔kg〕,〔g〕などが用いられます.質量は,地球上でも月面上でも不変の量といえます.つまり,物体が無重力空間にある場合,重さや重力はなくなりますが,質量は保持し続けます.

第6章

仕事とエネルギー

> **ポイント**
>
> 　私たちのエネルギー源といえば「食べ物」です．物体も人間と同じようにエネルギーがないと運動できないのですが，物体のエネルギー源はとは一体何でしょうか？　どこからエネルギーを得ているのでしょうか？　本章では，そうしたエネルギーのやりとりを考えていきます．
>
> 　仕事やエネルギーは私たちにとっても身近な量ですし，力学の域を超えて，電磁気や熱力学を勉強する際にも登場する大切な量です．

第6章 仕事とエネルギー

6.1 仕事と仕事率

6.1.1 ● 仕事の定義

　私たちの日常生活における「仕事」というのは，"今日は何時間仕事をした"とか，"今日の仕事はハードだったなぁ"など，個々人それぞれの労働時間の長さや大変さなどで計るもので，いまひとつ量としての定義があいまいです．しかし，物理における「仕事」というのは，その量がはっきりと定義されており，「仕事＝力×距離」という計算によって求められます．

　たとえば，物体に力 F を加え，力の方向に距離 x だけ移動させたときの仕事 W は，$W = Fx$ となります．

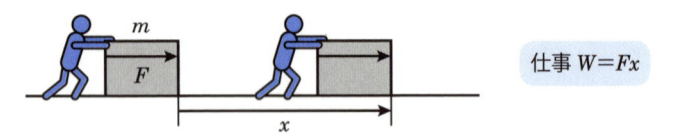

◆図 6-1-1　力 F の方向に距離 x だけ移動させたときの仕事

　しかし，力 F を加えても物体がまったく動かなかった場合，その仕事は $W = F \cdot 0 = 0$ となります．

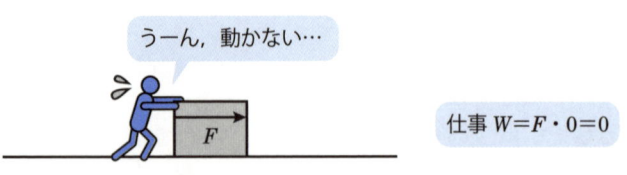

◆図 6-1-2　物体が動かなかった場合

　仕事は，物体に何 N の力を加えて何 m 動いたかで決まる量なので，一生

懸命押してもまったく動かなければ，仕事は 0 ということになるのです．

> **仕事の求め方**
> 　物体に力 F 〔N〕を加え，その力を加えている方向に x 〔m〕動いたとき，力が物体に対してした仕事 W 〔J〕は，次の式で求められる．
> 　　$W = Fx$

練習問題 6-1

　質量 5.0〔kg〕の物体が自由落下している．1.0〔m〕落下する間に重力がする仕事はいくらか．重力加速度を 9.8〔m/s^2〕として求めよ．

解 答

物体に働く重力の大きさは，
　$mg = 5.0 \times 9.8 = 49$〔N〕
となるので，重力がする仕事 W は，
　$W = mg \times x = 49 \times 1.0 = 49$〔J〕

6.1.2 ● 斜め方向の力がする仕事

物体に働く力の向きが移動方向と異なっていた場合は，どのように仕事を求めればよいのでしょうか．加える力 F と移動する方向が θ の角をなしている場合を考えてみましょう．

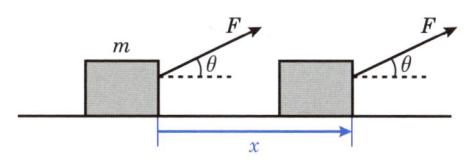

◆図 6-1-3　斜め方向の力がする仕事

この場合は，力を移動方向に平行な方向と垂直な方向に成分分解し，移動方向に平行な方向の成分で仕事を計算します．

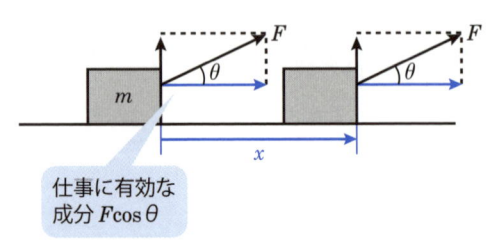

仕事に有効な成分 $F\cos\theta$

◆図6-1-4　斜め方向の力を成分分解する

働く力 F を移動方向に平行な方向と垂直な方向に成分分解すると，移動方向に平行な成分は $F\cos\theta$ となり，これが仕事をするための有効な力の成分となります．したがって，この場合の仕事 W は，この力の成分 $F\cos\theta$ と距離 x をかけて，$W=F\cos\theta \cdot x = Fx\cos\theta$ と表すことができます．

> **斜め方向の力の仕事**
> 　加える力 F と移動する方向が θ の角をなしていた場合の仕事 W は，次の式で求められる．
> 　$W = Fx\cos\theta$　　（x：距離）

6.1.3 ● 正の仕事と負の仕事

6.1.2 で求めた $W=Fx\cos\theta$ を用いて，角度 θ の値を変えた場合，つまり，加えた力がいろいろな方向に働いている場合について，その仕事を求めてみましょう．

■ **$\theta = 0°$ のとき：$W = Fx\cos0° = Fx > 0$ …正の仕事**

力を加えた方向と移動方向が同じ場合は，力は正の仕事をしたことになります．摩擦のない平面上において物体に力を加え続けると，物体はどんどん

加速していき，物体のもつ運動エネルギー（6.3 参照）が増えていくわけですが，このときに行った"正の仕事"が，物体の運動エネルギーの増加の源となっています．つまり，仕事はエネルギーと同等な量で，力が「仕事をする」というのは「エネルギーを与える」ということと等しいと考えられます．正の仕事をされた物体は，正のエネルギーをもらったことで，自身の運動エネルギーが増えたといえます．

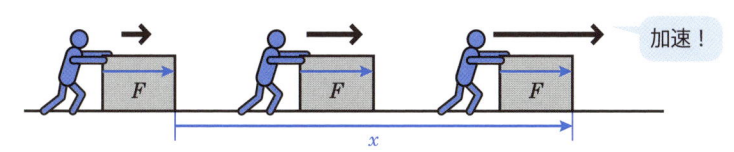

◆図 6-1-5　力と移動方向が θ＝0°のときの仕事

■ $\theta = 90°$のとき：$W = Fx\cos\theta = Fx\cos 90° = 0$…仕事 0

"仕事が 0" ということは，その力は物体にエネルギーを与えておらず，運動状態の変化に関与していないということです．たとえば，床の上を滑る物体には垂直抗力が常に働いていますが，この垂直抗力は，移動方向と垂直なので，進行方向の力の成分は 0 となり，仕事は 0 となります．したがって，物体は垂直抗力から仕事をされず，垂直抗力が働くことで物体が加速や減速をするといった現象は起こりません．

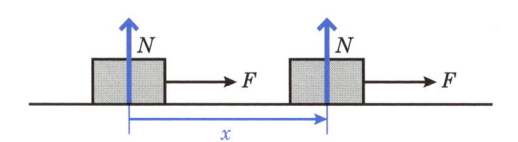

◆図 6-1-6　力と移動方向が θ＝90°のときの仕事

■ $\theta = 180°$のとき：$W = Fx\cos 180° = -Fx < 0$…負の仕事

$\theta = 180°$の場合の仕事は負であり，これは移動方向に対して逆向きに働く力によってされる仕事です．

具体例として，動摩擦力がする仕事が考えられます．動摩擦力は物体の移

動方向に対して逆向きに働いているため，$\theta = 180°$ の場合の仕事と同様であり，負の仕事をします．

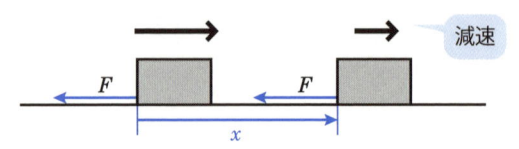

◆図 6-1-7　力と移動方向が $\theta = 180°$ のときの仕事

この"負の仕事"というのは，一体どのような仕事なのでしょうか．動摩擦力の場合，運動中に働くことで，物体の速度は次第に減少していきます．つまり，負の仕事は，物体の運動エネルギーを減少させる役割をもっています．

以上のことから，仕事と運動エネルギーの関係について，次のことがいえます．

仕事と運動エネルギーの関係

仕事 $W > 0$ …正の仕事 $\Rightarrow$ 物体の運動エネルギーは増加

仕事 $W < 0$ …負の仕事 $\Rightarrow$ 物体の運動エネルギーは減少

練習問題 6-2

粗い床面上に 25〔kg〕の物体を置き，40〔N〕の力を加え等速で 2.0m 運動させた．重力加速度の大きさを 9.8〔m/s^2〕として，次の力のした仕事を求めよ．

(1) 加えた力
(2) 重力
(3) 垂直抗力
(4) 動摩擦力
(5) 物体に働く力の合力

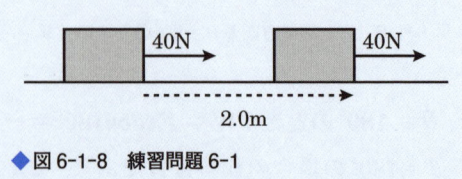

◆図 6-1-8　練習問題 6-1

> **解 答**
>
> 仕事 $W = Fx\cos\theta$ を用いて求めていきます．
>
> (1) 問題文より，加えた力は 40〔N〕なので，
>
>   仕事 $W = 40 \times 2.0 = 80$〔J〕
>
> (2) 重力は移動方向と垂直の向きに働くので，仕事は 0 となります．
>
> (3) 垂直抗力は移動方向と垂直の向きに働くので，仕事は 0 となります．
>
> (4) この場合，物体は等速で運動させたので，物体に働く動摩擦力と加えた力はつり合っています．したがって，動摩擦力は 40〔N〕となります．ここで，動摩擦力は物体の移動方向と 180°をなすので，求める仕事は，
>
> $W = Fx\cos 180° = -40 \times 2.0 = -80$〔J〕
>
> (5) また，物体に働く力の合力は，鉛直方向が 0，水平方向も $40 + (-40) = 0$ なので，仕事も 0〔J〕となります．
>
> ◆図 6-1-9 粗い床面上を運動する物体に働く力

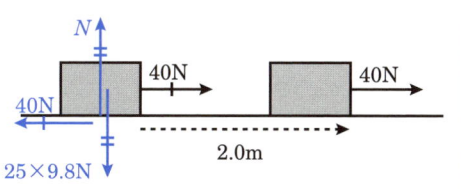

6.1.4 ● 仕事率

仕事率は**単位時間あたりにする仕事**です．たとえば，荷物を 2 階に運ぶとき，どの位時間がかかるのかを考えた場合，ゆっくり運ぶよりも短い時間で運んだほうが，単位時間当たりの仕事が大きくなり，仕事率も大きくなります．このように，ある時間内に何 J の仕事をしたかというのは，仕事の速さを表す量でもあり，これを仕事率といいます．仕事率の単位には〔W〕（ワット）が用いられます．

第6章 仕事とエネルギー

> **仕事率 P の求め方**
>
> 時間 t〔s〕の間に仕事 W〔J〕をするときの仕事率 P〔W〕は,
>
> $P = \dfrac{W}{t}$

練習問題 6-3

60〔kg〕の物体を 5.0〔m〕高いところへ運んだ. この作業をするのに, 2.0 秒かかった場合と, 10 秒かかった場合の仕事率をそれぞれ求めて比較せよ. なお, 重力加速度の大きさは 9.8〔m/s²〕とする.

解答

この場合にした仕事は次のように求められます.

仕事 $W = 60 \times 9.8 \times 5.0 = 2940$〔J〕

なお, この仕事を 2.0 秒で行う人と 10 秒で行う人の仕事率を求めると,

2.0秒: $P_1 = \dfrac{2940}{2.0} = 1470 \fallingdotseq 1.5 \times 10^3$〔W〕

10秒: $P_2 = \dfrac{2940}{10} = 294 \fallingdotseq 2.9 \times 10^2$〔W〕

となります. このことから, 仕事が速い人, つまり, 一度に短時間で仕事を行う人は, 仕事率が大きいということがわかります.

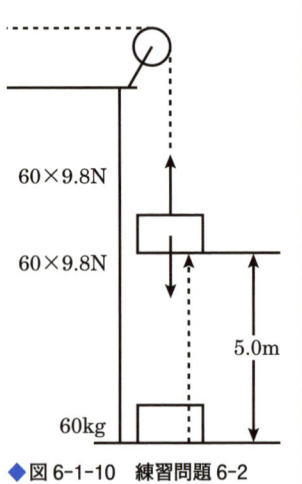

◆図 6-1-10　練習問題 6-2

6.1.5 ● 等速直線運動と仕事率

物体に力 F を加えて，等速直線運動で距離 x [m] 移動させたときの時間を t [s] とすると，仕事率 P は，次のようになります．

$$P = \frac{W}{t} = \frac{Fx}{t}$$

ここで，$\frac{x}{t}$ の部分は速度 v を表すので，$\frac{x}{t} = v$ とおけます．したがって，

$$P = \frac{W}{t} = \frac{Fx}{t} = Fv$$

と導かれます．仕事率 P は等速直線運動など等速で運動する場合は，速度 v を用いて，$P = Fv$ と計算できます．

6.2 仕事の原理

物体を高いところへ持ち上げる場合を考えます．大変そうな作業でも，ひょっとしたら持ち上げる方法次第で楽にできるのでは，と思うかもしれません．はたして，方法を変えることで，作業が楽になったりするのでしょうか？

ここでは，質量 m の物体を高さ h まで持ち上げるのに，鉛直方向に持ち上げる場合と，斜面を用いて持ち上げる場合の二つの例について，それぞれの仕事を計算してみましょう．

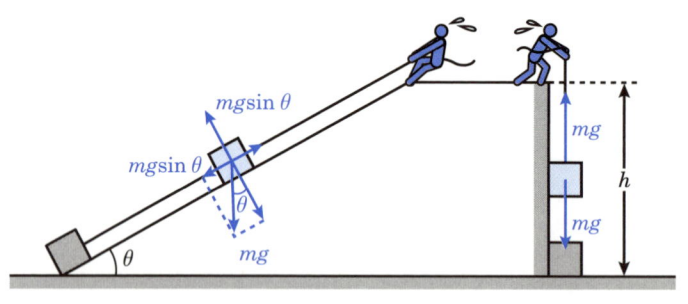

◆図 6-2-1　仕事の原理

■ 鉛直方向に持ち上げる場合

物体に働く重力 mg と等しい大きさの力 mg でゆっくりと，等速で高さ h まで持ち上げる場合とすると，このときの仕事 W は，

$$W = mgh$$

となります．

■ 角度 θ の斜面を用いて持ち上げる場合

物体に働く重力 mg の斜面平行方向の力 $mg\sin\theta$ と同じ力を斜面に平行に上向きに加え，ゆっくりと等速で持ち上げる場合を考えます．斜面の長さ

を l とすると仕事 W は，

$W = mg\sin\theta \times l = mgl\sin\theta$

となります．ここで，斜面において $l\sin\theta = h$ が成り立つので，このときの仕事は，

$W = mgh$

と求められます．

以上の結果から，物体を高さ h まで鉛直方向に持ち上げても，斜面を使って持ち上げても，どちらも仕事 W の値は等しくなります．つまり，物体を高いところへ運ぶ際は，どのような方法を用いても，どのような経路をたどっても，仕事は等しいのです．これを<u>仕事の原理</u>といいます．

力と距離について考えてみると，鉛直方向に持ち上げる場合は，加える力は大きいが引き上げる距離は短い，斜面を使って持ち上げる場合は，加える力は小さいが引き上げる距離は長い，ということがいえます．つまり，前者は距離で得をするが力で損をする，また，後者は力で得をするが距離で損をする，ということで，どちらも結局，作業量（仕事）は等しくなってしまいます．したがって，いろいろ工夫をして，「作業が楽」と感じても，「仕事が少ない」ということではありません．

練習問題 6-3

図 6-2-2 のように，動滑車を用いて質量 m の物体を高さ h だけ持ち上げる場合の仕事量を求めよ．ここで，重力加速度の大きさは g とし，動滑車の質量は無視するものとする．

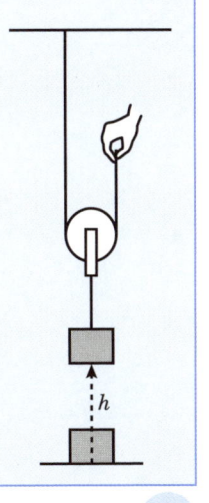

◆図 6-2-2
練習問題 6-3

解答

糸の張力を T とおくと，動滑車と物体のつり合いより，

$$2T = mg \therefore T = \frac{mg}{2}$$

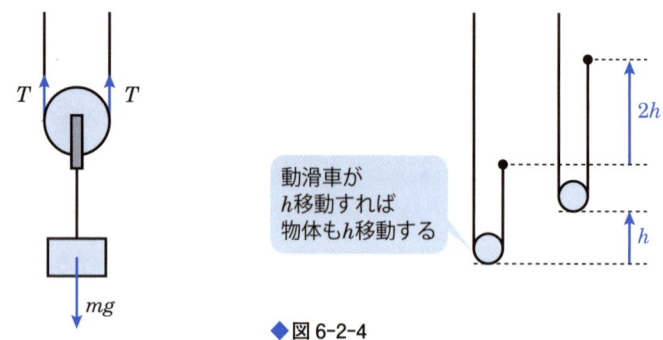

◆図6-2-3 動滑車を用いたときに働く力

◆図6-2-4 動滑車の移動と引っ張るひもの長さの関係

動滑車が h 移動すれば物体も h 移動する

したがって，ひもを引く力は張力 T と等しいので $\frac{mg}{2}$ となります．また，物体を h の高さまで持ち上げるとき，図6-2-4 より，引っ張るひもの長さは $2h$ になるので，求める仕事は，

$$W = \frac{mg}{2} \cdot 2h = mgh \,\mathrm{[J]}$$

6.3 運動エネルギー

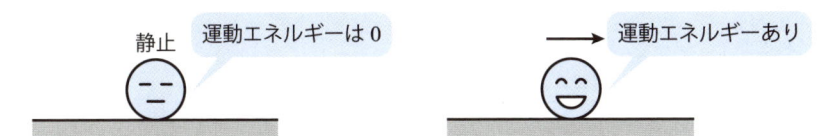

6.3.1 ● 運動エネルギーとは

　なめらかな床の上に静止している物体に力を加えて移動させると，物体は速度をもつ運動状態に変化します．つまり，物体のエネルギーは静止しているときよりも増えた，といえるでしょう．このように，物体が運動しているときにもつエネルギーのことを**運動エネルギー**といいます．

　たとえば，ダムの水は，高いところから落ちたときの勢いで発電機を回転させることにより電気エネルギーを作ることができます．つまり，発電機を回転させた水はエネルギーをもっているということになります．

◆図6-3-1　運動エネルギー

　静止している物体は生きているわけではないので，静止状態から勝手に動き出して，その運動エネルギーが増えるということはありません．物体が動く源は何かというと，「外力がする仕事」です．静止している物体に外力が物体に働き，仕事をすることによって，その物体は運動エネルギーを得て動き出すと考えます．

6.3.2 ● 運動エネルギーの計算

　それでは，運動エネルギーを式で表してみましょう．はじめ静止している

物体がもつ運動エネルギーは 0 です．ここで，その物体に力を加えて仕事をすることにより物体が動き出し，運動エネルギーをもつ状態にしたとします．

◆図 6-3-2　運動エネルギーが蓄えられる様子

静止している質量 m の物体に，一定の力 F を加えて距離 x だけ押し続けたところ，物体の速さが v になったとしましょう．この場合，物体を一定の力 F 押しているため，物体は等加速度直線運動をします．

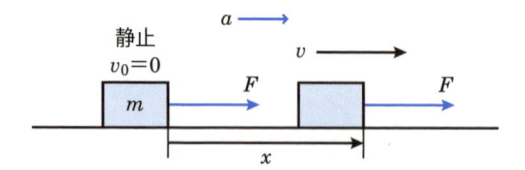

◆図 6-3-3　一定の力 F で押して等加速度直線運動する物体

等加速度直線運動の公式より，
$v^2 - v_0^2 = 2ax$
$v_0 = 0$ なので，
$v^2 = 2ax$

ここで，両辺に $\frac{1}{2}m$ をかけると，
$\frac{1}{2}m \times v^2 = \frac{1}{2}m \times 2ax \quad \therefore \frac{1}{2}mv^2 = max$

となります．ここで，運動方程式 $ma = F$ より，

$$\frac{1}{2}mv^2 = Fx$$

と変形できるため，右辺の Fx は $W=Fx$ より仕事となります．

したがって，

$$W = \frac{1}{2}mv^2$$

と表すことができます．

この例から，物体に対して W という仕事をすると，その物体には $\frac{1}{2}mv^2$ という質量 m と速度 v で決まるエネルギーが蓄えられる，と解釈することができます．そして，この $\frac{1}{2}mv^2$ という量が運動エネルギーとなります．

> **運動エネルギーの求め方**
>
> 質量 m〔kg〕の物体が速さ v〔m/s〕で運動しているときに蓄える運動エネルギー K〔J〕は，
>
> $$K = \frac{1}{2}mv^2$$

6.4 仕事とエネルギーの関係

前節で説明したとおり，物体に対して仕事をすると，その物体にはエネルギーが蓄えられます．このエネルギーは物体に加えた力を介して伝わったものでした．つまり，仕事とエネルギーは同等な量と考えることができます．ではここで，仕事と運動エネルギーの関係について，もう少しくわしく調べてみましょう．

6.4.1 ● 運動エネルギーの計算

質量 m の物体に力 F を加え，距離 x だけ動かしたとき，速度 v_0 から v まで，加速度 a の等加速度直線運動をした場合について考えてみます．

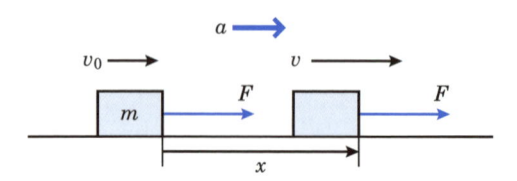

◆図6-4-1　速度 v_0 から v まで等加速度直線運動する物体

まず，等加速度運動の式より，

$$v^2 - v_0^2 = 2ax$$

両辺に $\frac{1}{2}m$ をかけて，

$$\frac{1}{2}mv^2 - \frac{1}{2}mv_0^2 = max$$

ここで，運動方程式 $ma = F$ より，

$$\frac{1}{2}mv^2 - \frac{1}{2}mv_0{}^2 = Fx$$

となります．このことから，左辺は，速度が変化した後の運動エネルギーと速度が変化する前の運動エネルギーの差，つまり運動エネルギーの増加量を表しており，これが外力 F がした仕事に等しいということがわかります．

これは，物体に仕事をすると，その分運動エネルギーが増えるという関係を表しています．物体の運動エネルギーが増えたのは，物体に力が働いて仕事をしたからということに他なりません．ここで，左辺の運動エネルギーの増加量について，

$$\frac{1}{2}mv^2 - \frac{1}{2}mv_0{}^2 = \varDelta K$$

とおき，右辺の外力がした仕事を

$$Fx = W$$

とすると，

$$\varDelta K = W$$

となり，仕事と運動エネルギーの関係を表す，シンプルな式できあがります．

> **仕事と運動エネルギーの関係式**
> 運動エネルギーの増加量＝外力がした仕事
> $\varDelta K = W$

この関係式は，もし右辺の仕事 W が負ならば，左辺の運動エネルギーの増加量 $\varDelta K$ も負であり，運動エネルギーは減少するということを示します．つまり，運動している物体は，された仕事が負であると，速度が減少します．

たとえば，摩擦力が働く床の上で物体が運動している場合，物体は摩擦力から負の仕事を受けて速度は減少していき，やがて 0 になって静止します．逆に，仕事 W が正ならば，左辺の運動エネルギー $\varDelta K$ も正となり，運動エネルギーは増加します．したがってこの場合，物体の速度は増加します．

第6章 仕事とエネルギー

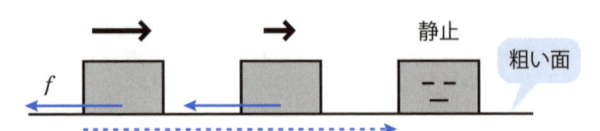

◆図 6-4-2　物体に負の仕事をしたときの運動の様子

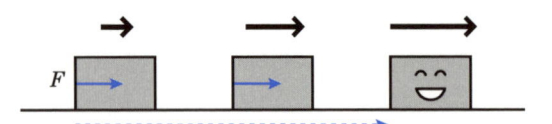

◆図 6-4-3　物体に正の仕事をしたときの運動の様子

練習問題 6-4

なめらかな水平面上を速さ 3.0〔m/s〕で運動している質量 4.0〔kg〕の台車に力を加え続けたところ，4.0〔m/s〕の速さになった．台車に加えた力がした仕事はいくらか．

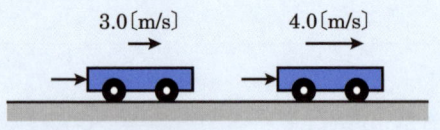

◆図 6-4-4　練習問題 6-4

解答

$\Delta K = W$ より，

$$W = \Delta K = \frac{1}{2}mv^2 - \frac{1}{2}mv_0^2$$

$$= \frac{1}{2} \times 4.0 \times 4.0^2 - \frac{1}{2} \times 4.0 \times 3.0^2 = 14 \, 〔J〕$$

と求められます．

6.5 重力による位置エネルギー

6.5.1 ● 重力による位置エネルギーとは

　物体を高いところまで持ち上げ，手を離すと落下します．高いところにある物体は「いつでも落下できる」状態にあるので，エネルギーをもっているといえます．このエネルギーは，地球上に重力が働いていることにより存在するもので，これを**重力による位置エネルギー**といいます．

　ダムの水も高いところから落ちることで発電機を回すことができます．つまり，高いところにある水は，すでに位置エネルギーをもっていることになります．

スタンバイ！
いつでも落下できるぜ！

◆図 6-5-1
いつでも落下できる状態にある物体

6.5.2 ● 重力による位置エネルギーの求め方

　質量 m の物体が高さ h においてもつ，重力による位置エネルギーを求めてみましょう．

　まず，エネルギーの定義である「**物体がもつエネルギー＝外力がした仕事**」から，地面に置かれている質量 m の物体を高さ h まで持ち上げたときの仕事を求めてみます．

　地面に置かれている質量 m の物体を高さ h まで持ち上げます．ここで，物体に働く重力 mg と同じ大きさの力 mg で，ゆっくりと静かにつり合いを成り立たせながら持ち上げていきます．この場合，高さ h まで持ち上げたときにした仕事 W は，

$W = Fx = mgh$

となり,この仕事が高さ h でもつ,重力による位置エネルギーとなります.

つまり,重力による位置エネルギーは,

$U = mgh$ 〔J〕

ということになります.また,高さ h は,高さ0の基準面からの高さであり,重力による位置エネルギーは基準面から高さ h の場所において物体がもつものです.

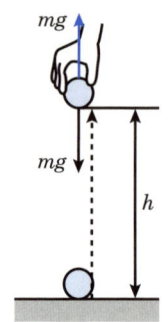

◆図6-5-2 物体を高さ h まで持ち上げて仕事をする

> **重力による位置エネルギーの求め方**
> 基準面から高さ h における重力による位置エネルギー U〔J〕は,
> $U = mgh$

重力による位置エネルギーは,基準面が決まらないと求めることができません.たとえば,次のように,重力による位置エネルギーの基準面を別々に2か所にとった場合について考えてみましょう.

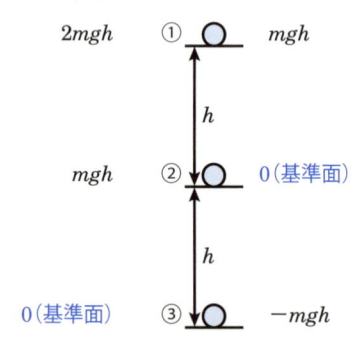

◆図6-5-3 基準面を別の場所にとった場合の重力による位置エネルギー

物体が同じ高さにあっても,基準面のとり方によって重力による位置エネ

ルギーの値は異なります．たとえば，図6-5-3では，基準面を②にとった場合と基準面を③にとった場合の位置エネルギーが示されてますが，たとえば，①の高さでは mgh，$2mgh$ となるように，同じ高さにあっても位置エネルギーは異なります．

　基本的に基準面はどこにとってもよいのですが，一度決めたら，その後気まぐれに基準面を移動してはいけません．したがって，一つの現象を考えるときは，位置エネルギーの基準面をどこにとるのかを，はじめにしっかりと決めておく必要があります．

6.6 弾性力による位置エネルギー

6.6.1 ● 弾性力による位置エネルギーとは

ばねにおもりを付け，それを引っ張ってから放すと，おもりは振動します．つまり，ばねを引っ張ることにより，ばねにはエネルギーがたくわえられます．このエネルギーを**弾性力による位置エネルギー**，または，**弾性エネルギー**といいます．

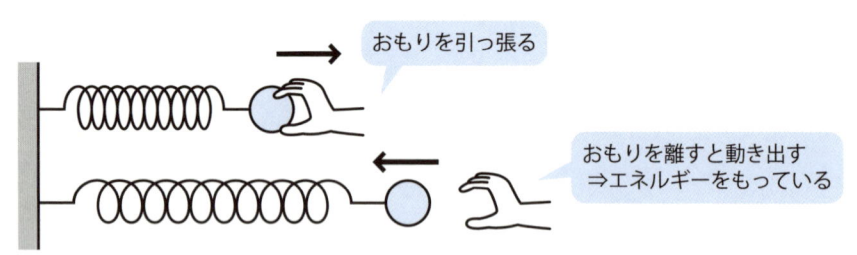

◆図6-6-1　弾性力による位置エネルギー

ばねをなめらかで水平な床の上に置き，その一端を固定し，他端に質量 m のおもりをつけたとします．そして，そのおもりを自然長から長さ x だけ引っ張ると，ばねを引っ張っている手はおもりに力を加え，ばねに対して仕事をします．このとき，ばねに対してした仕事の分だけ，ばねにエネルギーが蓄えられていることになります．これが弾性力による位置エネルギーです．

6.6.2 ● 弾性力による位置エネルギーの計算

自然長からばねが長さ x 伸びた状態において，ばねに生じる弾性力は，フ

ックの法則により $F=kx$ です．ここで，この力に等しい逆向きの力でばねを引っ張っていきます．

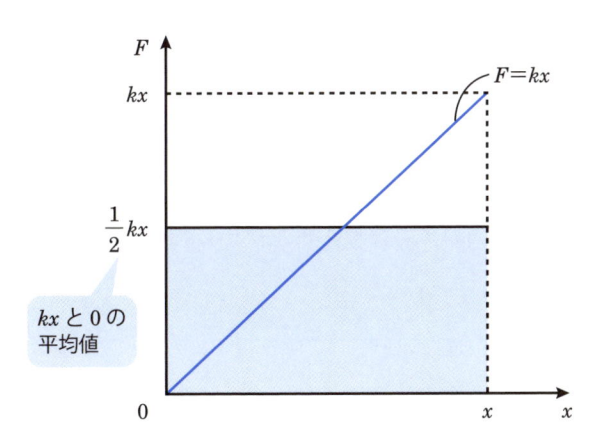

◆図6-6-2　ばねの伸び x に対して生じる弾性力 F のグラフ

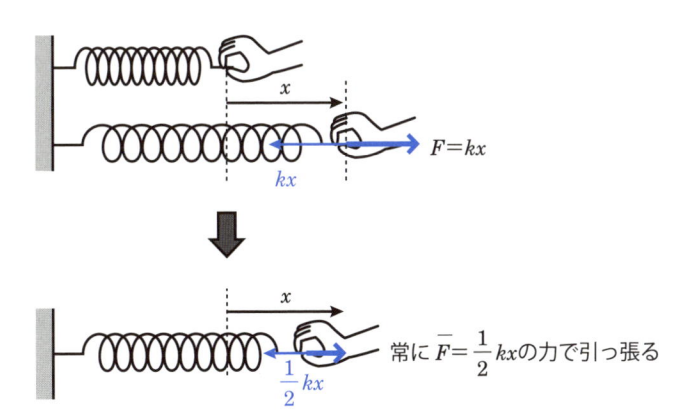

（kx と 0 の平均値）

◆図6-6-2　ばねを平均の力で引っ張る

常に $\overline{F}=\dfrac{1}{2}kx$ の力で引っ張る

引っ張る力 kx は x に対して常に変化する力ですが，伸びが 0 の状態から x の状態まで引っ張るときの平均の力 $\overline{F}$ が，

$$\overline{F}=\frac{0+kx}{2}=\frac{1}{2}kx$$

であることを利用すると，仕事の式 $W=\overline{F}x$ より，一定の大きさの平均の力 $\dfrac{1}{2}kx$ で x 引っ張ったと考えて，仕事を求めることができます．したがって，こ

の場合の仕事は，

$$W = \overline{F}x = \frac{1}{2}kx \times x = \frac{1}{2}kx^2 \quad \cdots F-x \text{ グラフの面積}$$

となります．これが弾性力による位置エネルギーです．

> **弾性力による位置エネルギーの求め方**
>
> ばね定数 k [N/m] のばねが自然長から x [m] 伸びている（または縮んでいる）ときにもつ，弾性力による位置エネルギー U [J] は，
>
> $$U = \frac{1}{2}kx^2$$

弾性エネルギー $U = \frac{1}{2}kx^2$ という値は，図 6-6-2 において色部分の長方形の面積，さらに，$F = kx$ の直線と x 軸によって作られた直角三角形の面積にも等しいことがわかります．

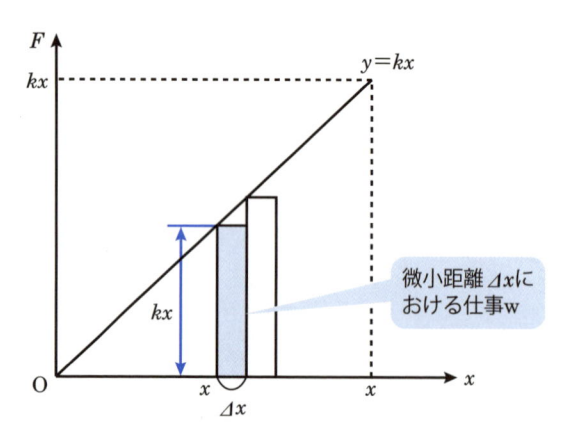

◆図 6-6-3 弾性エネルギーの値

また，この直角三角形の面積は，微小区間 Δx における仕事 $w = kx \times \Delta x$ が，図 6-6-3 における細長い長方形の面積を示すので，この長方形を $x = 0$ から x まで加えていった面積を，

$$\sum (kx \times \varDelta x)$$

と表すと，これを，$\varDelta x \to 0$ とすることで求まります．つまり，

$$U = \lim_{\varDelta x \to 0} \sum (kx \times \varDelta x) = \int_0^x kx dx = \frac{1}{2}kx^2$$

となります．

6.7 力学的エネルギー保存の法則

6.7.1 • エネルギーの保存

まず，物体のもつエネルギーが保存されている状態とはどのような状態か，いろいろなケースを確かめてみましょう．

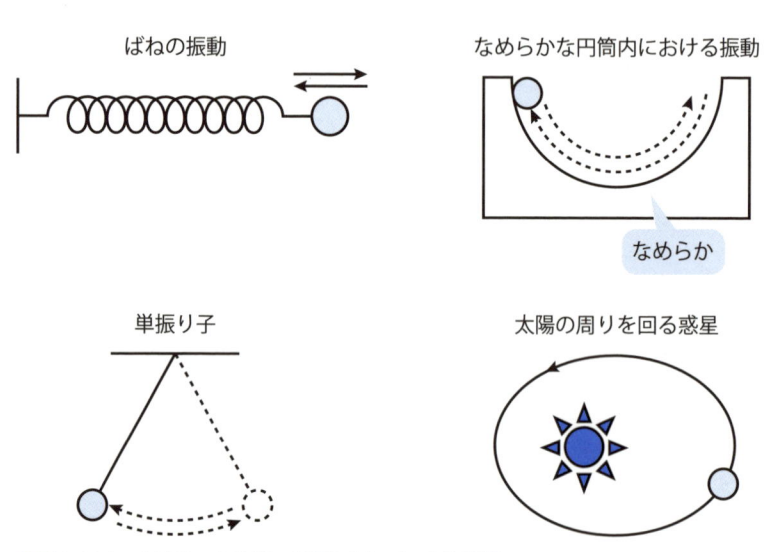

◆図6-7-1　力学的エネルギーが保存されている状態例

図6-7-1で挙げた例は，どれも繰り返し振動する運動で，運動中に摩擦力や抵抗力などが働かなければ，その運動は永遠に続きます．つまり，物体のもつエネルギーは減少することなく，常に保たれ続けるという状態であり，こうした状態は，物体のもつエネルギーが保存されている状態といえます．

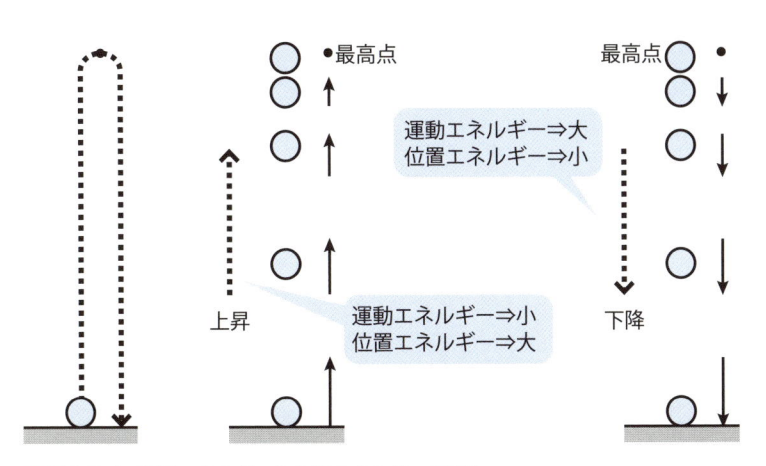

6.7.2 ● 運動エネルギーと位置エネルギーの関係

　ここまで，運動エネルギーと位置エネルギーについて紹介してきましたが，改めてこの二つの関係を考えてみましょう．たとえば，鉛直投げ上げを例にとってみます．図 6-7-2 のように，初速度 v_0 で地面から鉛直上向きに物体を投げ上げます．ここで，物体の運動中には空気抵抗など運動を阻止するような力は働かないとしましょう．

　投げられた物体には鉛直下向きの重力が働き，上昇するに従って徐々に速さが小さくなっていきます．そして，やがて速さ 0 という状態になってしまいます．

　この例に関して，運動エネルギーのみの変化について考えると，物体は投げ上げられた直後は $\frac{1}{2}mv_0^2$ という運動エネルギーをもっていましたが，上昇するに従い，その運動エネルギーは小さくなっていき，やがて 0 になるということです．投げ上げられた物体は最高点に達した後，上昇から下降に転じ，落下していきます．これは，最高点で速度が 0 になっても，物体には，まだ動くためのエネルギーが存在していると考えられます．そのエネルギーとは，重力による位置エネルギーです．運動エネルギーが 0 になったとしても，物体は，重力による位置エネルギーという，また別の性質のエネルギーをもっているのです．

◆図 6-7-2　運動エネルギーと位置エネルギーの変化

以上から，物体の運動状態を表すエネルギーを考える際には，運動エネルギーだけでは不十分であり，位置エネルギーも加えて考える必要があることがわかります．つまり，物体のもつ，運動に関わる全体のエネルギーは，「運動エネルギー＋位置エネルギー」を考えなければなりません．

6.7.3 ● 力学的エネルギー

6.7.2 でみてきたように，落下運動では，物体は重力に引っぱられて落下していき，高さ h の値はどんどん小さくなっていきます．これは，位置エネルギーがどんどん小さくなるということです．それに対して，物体の落下速度はどんどん加速するため，運動エネルギーはどんどん大きくなります．

運動エネルギーと位置エネルギーという二つのエネルギーにおいて，位置エネルギーは減少，運動エネルギーは増加，という正反対の変化をしていますが，これらのエネルギーの和をとると，常に一定の値が保たれています．この，運動エネルギーと位置エネルギーの和を力学的エネルギーと呼びます．力学的エネルギーは，摩擦力や抵抗力などが仕事をしない限り，その値が常に一定に保たれます．

力学的エネルギー

運動エネルギー K と位置エネルギー U を力学的エネルギー E とすると，次の関係が成り立つ．

$E = K + U$

（力学的エネルギー＝運動エネルギー＋位置エネルギー）

6.7.4 ● 力学的エネルギーの計算

高さ H から物体を自由落下させる場合において，高さ H，落下途中の高さ h，そして地面に着地する直前の高さ 0 における，物体の力学的エネルギー E_1，E_2，E_3 を考えてみましょう．重力による位置エネルギーの基準は地面とします．

高さ H における物体の力学的エネルギー E_1 は，

$$E_1 = mgH + 0 = \underline{mgH}$$

となります．次に，高さ h における物体の力学的エネルギー E_2 は，

$$E_2 = mgh + \frac{1}{2}mv^2$$

ここで，高さ H から h まで自由落下したときの式 $v^2 = 2g(H-h)$ を E_2 に代入すると，

$$E_2 = mgh + \frac{1}{2}m \cdot 2g(H-h) = \underline{mgH}$$

となります．また，高さ 0 における物体の力学的エネルギー E_3 は，

$$E_3 = \frac{1}{2}mV^2$$

ここで，高さ H から地面まで自由落下したときの式 $V^2 = 2gH$ を E_3 に代入すると，

$$E_3 = \frac{1}{2}mV^2 = \frac{1}{2}m \cdot 2gH = \underline{mgH}$$

となります．したがって，これらの結果から，

$$E_1 = E_2 = E_3$$

となり，それぞれ等しいことがわかります．

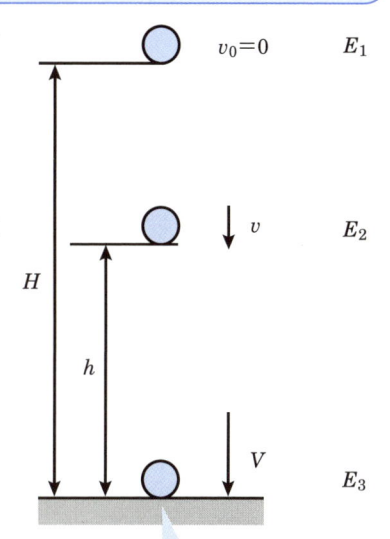

◆図 6-7-3
自由落下における力学的エネルギー

この例からもわかるとおり，運動している間は，どのような場所においても，物体のもつ力学的エネルギーは，常に等しい値で保存されています．これを，力学的エネルギー保存の法則といいます．物体の運動状態を調べるときなど，物体のもつエネルギーを，運動エネルギーと重力による位置エネルギーの和である力学的エネルギーとして，ひとまとめにして考えることによって，力学的エネルギー保存の法則を使って関係式を作ることができるので，とても有効な手段です．

ただし，力学的エネルギー保存の法則は，どのような場合においても成り立つわけではなく，物体が運動しているときに，非保存力と呼ばれる摩擦力や抵抗力などの力を受けて仕事をされれば成り立ちません．すなわち，力学的エネルギーは，空気抵抗がない投射の運動や，摩擦のない滑らかな面における運動において保存されます．

図 6-7-4 は，物体が落下し始めたときは重力による位置エネルギー U の値が大きいものの，次第にその値は小さくなり，一方で，運動エネルギー K は大きくなって，常に二つの和が一定に保たれているということを示しています．

> **力学的エネルギー保存の法則**
>
> $E = K + U = $ 一定
>
> 非保存力による仕事が加わらない限り，運動エネルギーと位置エネルギーの和は一定に保たれる．

6-7 ■ 力学的エネルギー保存の法則

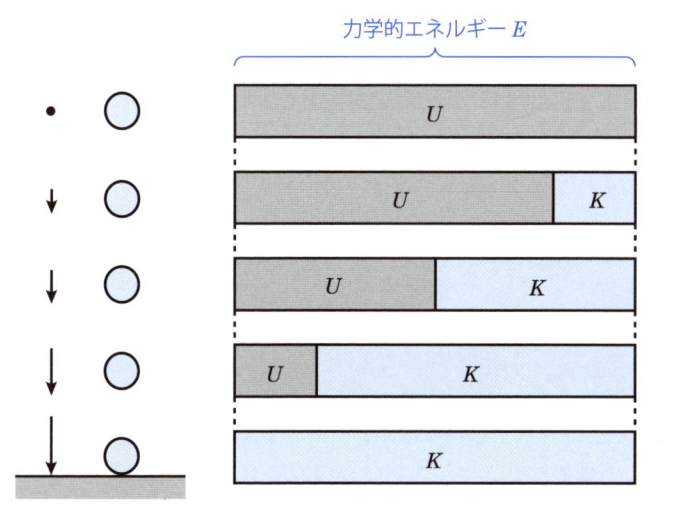

◆図 6-7-4　位置エネルギー U と運動エネルギー K の変化の様子

練習問題 6-5

質量 m の物体を高さ h から自由落下させたとき，次の〔　〕の①〜⑨に入る数値，語句を答え，さらに，問いに答えよ．ここで，重力加速度の大きさを g とし，重力による位置エネルギーの基準面は地面とする．

この物体が最初に高さ h でもっている運動エネルギーは〔　①　〕，重力による位置エネルギーは〔　②　〕である．この物体は初速度〔　③　〕，加速度〔　④　〕であるから，t 秒後の速度 v と高さ y は次のように表される．

$v =$ 〔　⑤　〕, $y =$ 〔　⑥　〕

これら 2 式から t を消去して v を y で表すと，

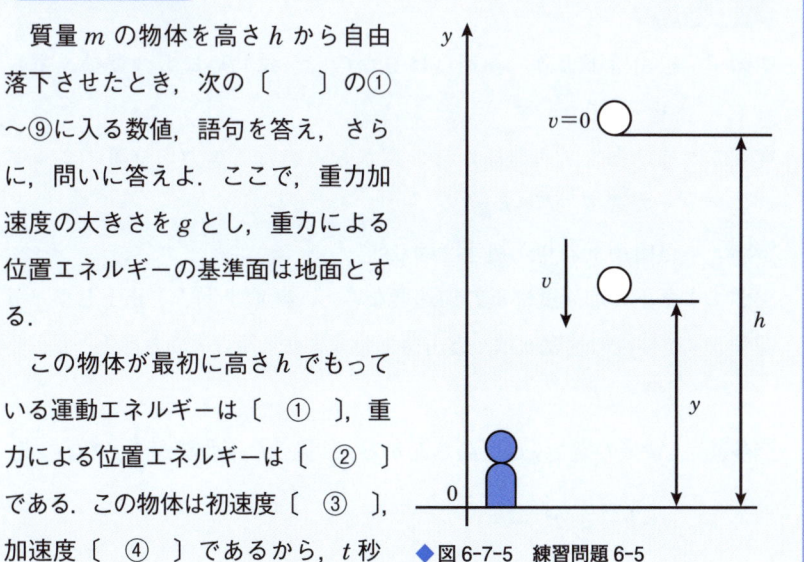

◆図 6-7-5　練習問題 6-5

第6章 仕事とエネルギー

$v^2 =$〔 ⑦ 〕

したがって，高さ y のときに物体がもつ運動エネルギー K は，y を用いると，

$K =$〔 ⑧ 〕

重力による位置エネルギー U は，

$U =$〔 ⑨ 〕

となる．

問　これら K と U について，縦軸をエネルギー，横軸を高さとした，グラフを描き，力学的エネルギー $K+U$ が保存されることを示せ．

解答

空欄①：自由落下より，初速度は 0 なので，はじめにもつ運動エネルギーは 0

空欄②：基準面である地面から，高さ h における重力の位置エネルギーなので，$U = mgh$

空欄③：自由落下より，初速度は 0

空欄④：落下の加速度は重力加速度なので，鉛直上向きを正として $-g$

空欄⑤：t 秒後の速度 v は，自由落下の式より，鉛直上向きを正として，

$v = -gt$

空欄⑥：t 秒後の高さ y は，高さ h から t 秒後の落下距離が $\frac{1}{2}gt^2$ なので，

$y = h - \frac{1}{2}gt^2$

空欄⑦：⑤より，$t = -\frac{v}{g}$（$v<0$ より $t>0$），これを⑥に代入して，

$y = h - \frac{1}{2}gt^2 = h - \frac{1}{2}g\left(-\frac{v}{g}\right)^2 = h - \frac{v^2}{2g}$

$\therefore v^2 = 2g(h-y)$

空欄⑧：運動エネルギーは $K=\frac{1}{2}mv^2$ より，⑦で求めた $v^2=2g(h-y)$ を代入して，

$$K=\frac{1}{2}mv^2=\frac{1}{2}m\cdot 2g(h-y)=mg(h-y)$$

空欄⑨：基準面である地面から高さ y における重力の位置エネルギーなので，$U=mgy$

問の解答

⑧，⑨より，運動エネルギー $K=mg(h-y)$，重力による位置エネルギー $U=mgy$ なので，これをグラフに描くと次のようになります．

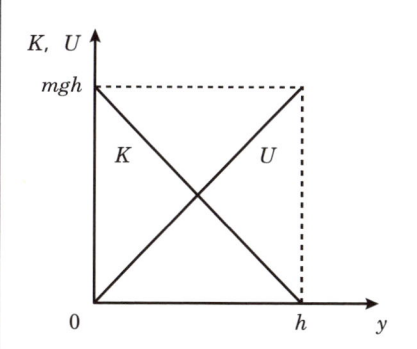

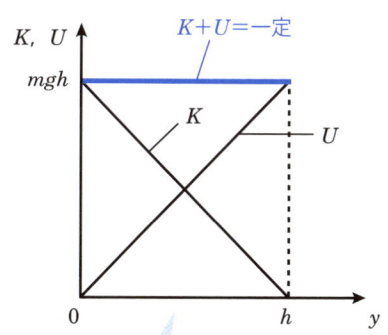

力学的エネルギーとして K と U の和をとると，上のグラフから一定の値の直線が求まるが，これは力学的エネルギーが一定であることを示している

◆図6-7-6　解答のグラフ

練習問題 6-6

図 6-7-7 のように，質量 m のおもりが長さ l の糸の一端に接続され，天井からつり下げられている．このおもりを点 B から点 A まで，糸が鉛直方向から角 θ をなすように持ち上げて静かに放した．重力加速度を g として，以下の問いに答えよ．

(1) おもりが点 A から点 B まで動くときに糸の張力がする仕事はいくらか．

(2) 点 B を通過するときのおもりの速さを求めよ．

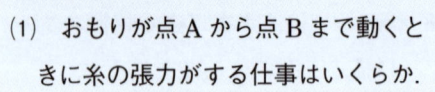

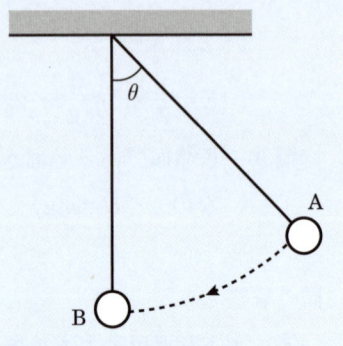

◆図 6-7-7　練習問題 6-6

解 答

(1) おもりが点 A から点 B まで移動する間，張力は常におもりの速度と直角をなしています．したがって，おもりの移動方向は張力と常に直角であるから，張力のする仕事は「0」となります．

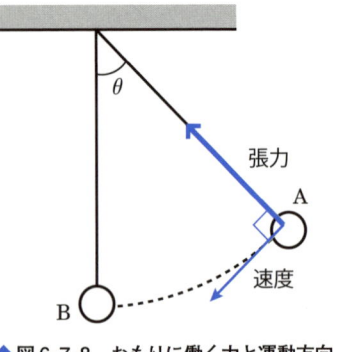

◆図 6-7-8　おもりに働く力と運動方向

(2) (1)より，張力のする仕事は0となり，点Aから点Bまでの移動において，非保存力は仕事をしないことから，力学的エネルギー保存則が成り立ちます．

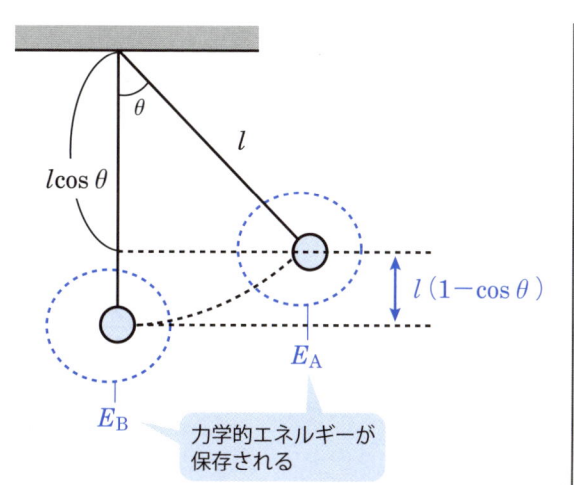

◆図6-7-9　おもりの力学的エネルギーを調べる

点Bを重力による位置エネルギーの基準とすると，力学的エネルギー保存の法則より，

$$0 + mgl(1-\cos\theta) = \frac{1}{2}mv^2 + 0$$

E_A　　E_B

これより，

$$v = \sqrt{2gl(1-\cos\theta)}$$

6.8 保存力と非保存力

6.8.1 ● 保存力と非保存力とは

　物体のもつ力学的エネルギーは，どのような状況においても保存するのではなく，摩擦力や抵抗力などの力が働いて仕事をするときは，保存しないということでした．このように力学的エネルギーに影響を与える力を**非保存力**といいます．非保存力は，仕事をすると力学的エネルギーが変化するような力で，摩擦力，抵抗力の他に，人が押す力，張力なども含まれます．これに対して，**保存力**という力もあります．保存力は，仕事をしても力学的エネルギーに変化はなく保存するような力で，重力，弾性力，万有引力，静電気力などがあります．

　このように，力学的エネルギーに関係する力には保存力と非保存力の2種類があります．

> **保存力と非保存力の例**
> 　保存力　：重力，弾性力，万有引力，クーロン力など
> 　非保存力：摩擦力，抵抗力，張力，人が物体を押す力など

6.8.2 ● それぞれの特徴

　保存力と非保存力について，この二つの力の違いをもう少し考えてみましょう．保存力の代表として重力，非保存力の代表として摩擦力を例に挙げ，これらの力がそれぞれ単独で働く場合について考えてみます．

6-8 ■ 保存力と非保存力

■ 重力の例：保存力

　鉛直投げ上げについて考えます．物体が上昇しているとき，重力は移動方向と逆向きの鉛直下向きに働き，物体に負の仕事をすることで，運動エネルギーは減っていき，やがて速度が 0 になります．

　速度が 0 になる瞬間は物体が最高点に達したときですが，その後，物体はすぐに動き出します（落下していく）．速度が 0 になり，運動エネルギーは，なくなっていますが，物体にはまだ別のエネルギーである重力による位置エネルギーが蓄えられているということがわかります．

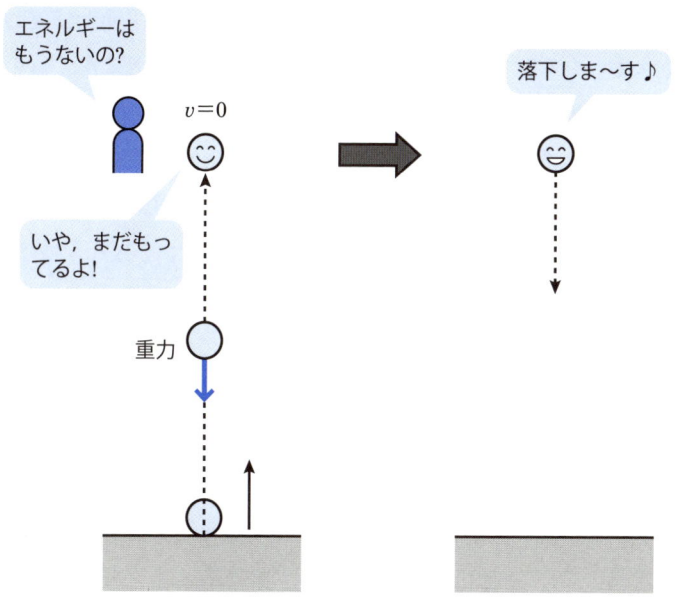

◆図 6-8-1　おもりが最高点からまた動き出す様子

■ 摩擦力の例：非保存力

　摩擦のある粗い水平面上に物体を置き，ある初速度で滑らせます．この場合も，鉛直投げ上げのときと同様に，摩擦力が移動方向と逆向きに働き，物体に負の仕事をすることで運動エネルギーが減っていき，やがて速度が 0 になります．しかしその後，鉛直投げ上げとは異なり，物体は静止を

続け，動き出すことはありません．このことから，もう物体にエネルギーが蓄えられていないということがわかります．

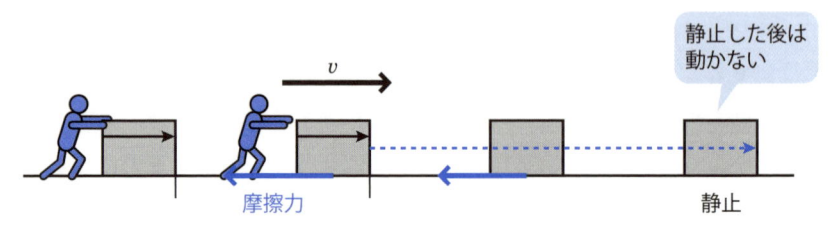

◆図6-8-2　摩擦のある粗い水平面上で滑らせた物体

　鉛直投げ上げされて上昇していく物体に働く重力も，粗い水平面上で運動する物体に働く摩擦力も，どちらも働く力は物体に負の仕事をします．負の仕事は，物体がもつ運動エネルギーを奪い取っていきます．

　鉛直投げ上げの場合，重力が物体に負の仕事をすることで，物体の運動エネルギーは徐々に減っていき0になりますが，代わりに重力による位置エネルギーとして蓄えられます．そして落下し，地面に戻ってくるときには，投げ上げたときの運動エネルギーをそのまま保っています．これは，重力が負の仕事をしても，物体の力学的エネルギーは保存されているということになり，このことから重力は保存力に分類されます．

　一方，粗い水平面上の運動で動摩擦力が働く場合，摩擦力が負の仕事をすることで，物体の運動エネルギーは徐々に減っていき0になり，物体がもっていた運動エネルギーは，床との摩擦力によって発生する熱に変わって周囲に発散してしまうため，物体はひとりでに再び運動することはありません．つまり，摩擦力のする負の仕事によって，物体のもつ力学的エネルギーは保存されずに減少してしまうのです．このように，力学的エネルギーを変化させるような力が非保存力です．

　保存力がする仕事は，経路にかかわらず，スタートとゴールの位置で決まります．たとえば，地面から高さhまで物体を運ぶときに重力がする仕事は，図6-8-3のように，どんなに曲がりくねった経路をとっても，はじめの

6-8 保存力と非保存力

地面から到達地点までの高さ h で決まります.

重力と等しい大きさの力で物体を持ち上げるときにする仕事が重力による位置エネルギーになるわけですが，持ち上げる経路によってその仕事が異なると，同じ物体が高さ h で異なる位置エネルギーをもつことになってしまいます．これは，おかしなことです．このことからから，保存力では，経路によって仕事が決まらないことがわかります．

これに対して，非保存力は，経路によって仕事が決まってしまう力です．また，説明では非保存力が仕事をすることで力学的エネルギーが減少する例を挙げましたが，逆に非保存力が仕事をすることで力学的エネルギーが増加する場合もあります．

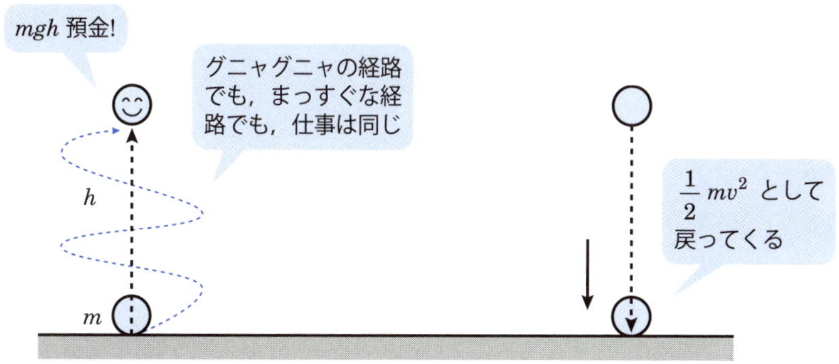

◆図6-8-3 **保存力における仕事は経路に依存しない**

6.9 力学的エネルギー保存の法則:応用編

6.9.1 ● 力学的エネルギー保存の法則の証明

力学的エネルギー保存の法則を，仕事とエネルギーの関係 $\Delta K = W$ を用いて証明してみましょう．この式は，「運動エネルギーの増加量 ΔK は，外力がした仕事 W に等しい」ということを示していました．

まず，外力が物体に働き仕事 W をする場合，エネルギーに関係する力は保存力と非保存力の2種類に分けられます．これらがする仕事をそれぞれ $W_保$，$W_非$ とすると，

$$\Delta K = W_保 + W_非$$

となります．ここで，保存力のする仕事 $W_保$ について，物体に働く保存力を重力 mg としてみましょう．物体を受け図6-9-1のように，重力 mg に引っ張られて，高さ h 分落下した場合，重力のした仕事は mgh となり

$$W_保 = mgh \quad \cdots ①$$

となります．

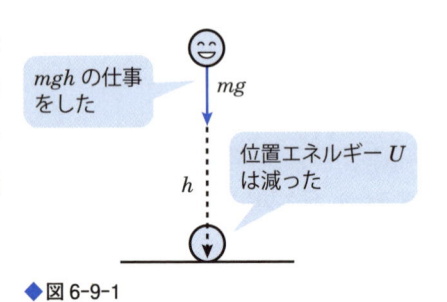

◆図6-9-1
仕事 mgh と位置エネルギー U の関係

一方，重力が仕事をすれば物体の高さが下がって位置エネルギーもその分減るため，位置エネルギーの増加量を ΔU とすると，落下時に重力による位置エネルギーが mgh 減少していることから，

$$\Delta U = -mgh \quad \cdots ②$$

したがって，①，②より，

$W_保 = mgh = -\Delta U$

という式が成り立ちます．また，

$\Delta K = W_保 + W_非$ は，$\Delta K = -\Delta U + W_非$

となり，

$\Delta K + \Delta U = W_非$

が成り立ちます．

ここで，$\Delta K + \Delta U$ は運動エネルギーの増加量と位置エネルギーの増加量の和なので，力学的エネルギーの増加量ということになります．つまり，力学的エネルギーの増加量 $\Delta E = \Delta K + \Delta U$ となるので，

$\Delta E = W_非$

という関係が成り立ちます．これは，物体の力学的エネルギーの増加量は，非保存力による仕事に等しい，とことを意味しています．

> **力学的エネルギーと非保存力の関係**
>
> 物体の力学的エネルギーの増加量 ΔE は，非保存力による仕事 $W_非$ に等しい．
>
> $\Delta E = W_非$

さらに，摩擦力などの非保存力が仕事をしない場合を考えると，

$W_非 = 0$ ∴ $\Delta E = \Delta K + \Delta U = 0$

となり，力学的エネルギーの増加は 0 です．つまり，**力学的エネルギーはそのまま保存される**ということになります（「6.7.4 力学的エネルギー保存の法則」）．

6.9.2 ● 力学的エネルギーが保存されない場合

このように，摩擦力などの非保存力が仕事をしない場合は，力学的エネルギーが保存されます．それに対して，非保存力が仕事をする場合は，力学的エネルギーは保存されません．

物体がなめらかな平面上を運動しているとき，物体は一定の速度で等速直

線運動を続けます．一方，物体が粗い平面上を運動しているときは，物体に摩擦力が働くため，スピードはだんだん落ちていき，やがて運動エネルギーは 0 になってしまいます．つまり，非保存力が仕事をするために，物体のもつ力学的エネルギーは減少し，保存されないということです．

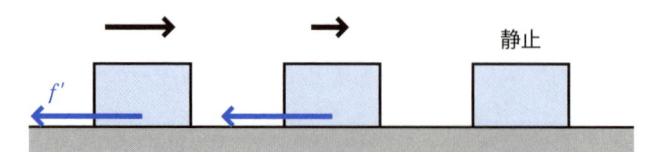

◆図6-9-2 動摩擦力 f' が働く水平面上における物体の運動

それでは，今度は斜面上を運動する物体について考えてみましょう．図 6-9-3 のように，摩擦のある斜面上で，質量 m の物体を同じ高さから初速度 v_1 で斜面に沿って下向きに l だけ滑らせ，速度 v_2 になったとします．

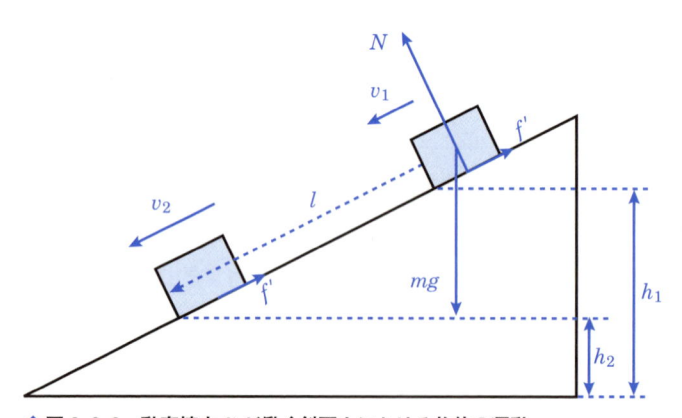

◆図6-9-3 動摩擦力 f' が働く斜面上における物体の運動

$\Delta K = W$ より，

$$\frac{1}{2}mv_2^2 - \frac{1}{2}mv_1^2 = W$$

ここで，W は物体に働く外力がした仕事です．この場合，物体に働く外力は，重力，垂直抗力，動摩擦力なので，これらがする仕事を求めると，

重力：$W_g = mgl\sin\theta = mg(h_1 - h_2)$

垂直抗力：$W_N = 0$

摩擦力：$W_f = -f'l$

です．したがって，

$$\frac{1}{2}mv_2^2 - \frac{1}{2}mv_1^2 = W_g + W_N + W_f = mg(h_1 - h_2) + 0 + (-f'l)$$
$$= mg(h_1 - h_2) - f'l$$

これより，式を移行すると，

$$\underbrace{\frac{1}{2}mv_2^2 + mgh_2}_{\text{高さ } h_2 \text{ における力学的エネルギー}} - \underbrace{\left(\frac{1}{2}mv_1^2 + mgh_1\right)}_{\text{高さ } h_1 \text{ における力学的エネルギー}} = -f'l$$

より，$\frac{1}{2}mv_1^2 + mgh_1 = E_1$，$\frac{1}{2}mv_2^2 + mgh_2 = E_2$ とすると，

$$E_2 - E_1 = -f'l$$

ここで，$E_2 - E_1 = \Delta E$ とおけるので，

$$\Delta E = -f'l$$

力学的エネルギーの増加 ΔE が負の値 $-f'l$ なので，力学的エネルギーは減少したことになります．また，$-f'l$ は動摩擦力がした仕事です．摩擦力は非保存力なので，ここでもまた，非保存力が仕事をすると，その分力学的エネルギーが減少していることがわかります．

練習問題 6-7

図 6-9-4 のように，水平面と 30°の傾きをなす斜面（高さ h [m] の上部半分はなめらかで，下部半分は摩擦がある）上に，質量 m [kg] の小さな物体を静かに置いたところ，高さ h [m] を滑り降りた．重力加速度の大きさ g [m/s^2]，物体と下部半分の斜面との間の動摩擦係数を $\frac{1}{2\sqrt{3}}$ として，次の各問いに答えよ．

なお，文中の記号はすべて正の値を取り，斜面方向の下向きを正とする．また，物体の前面が下部半分の斜面に入った瞬間から，一定の動摩擦力を受けるものとする．

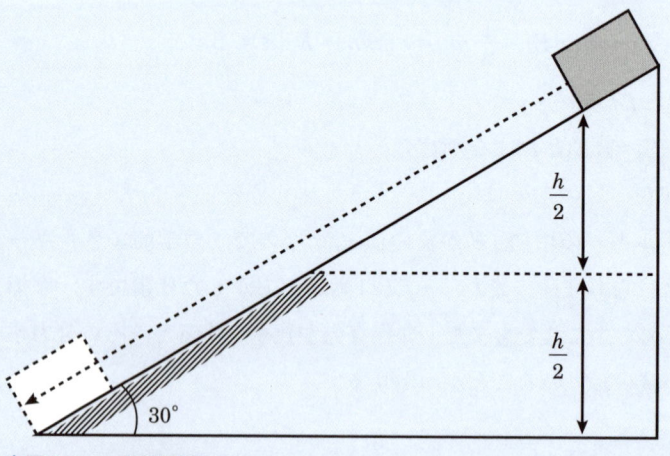

◆図 6-9-4　練習問題 6-7

(1) 下部斜面で物体の受ける動摩擦力の大きさはいくらか．
(2) 高さ h [m] を滑り降りたとき，物体に働く重力，垂直抗力，動摩擦力のした仕事はそれぞれいくらか．
(3) 高さ h [m] を滑り降りたときの物体の斜面方向の速度はいくらか．

解答

(1) 動摩擦力の式，斜面と垂直な方向の力の関係式より，

$$\begin{cases} f' = \mu' N \\ 0 = N - mg\cos 30° \end{cases} \therefore N = \frac{\sqrt{3}}{2}mg$$

2式より，

$$f' = \mu' N = \frac{1}{2\sqrt{3}} \times \frac{\sqrt{3}}{2}mg = \frac{1}{4}mg \,(\text{N})$$

(2) 滑り降りる斜面の長さは $2h$ より

重力がした仕事：

$$W_g = mg\sin 30° \times 2h = mgh \,(\text{J})$$

垂直抗力がした仕事：

$$W_N = N \times 2h \times \cos 90° = 0$$

さらに，下半分の斜面 h の長さにおいてのみ摩擦力は働くことから，摩擦力がした仕事は，

$$W_f = -\frac{1}{4}mg \times h = -\frac{1}{4}mgh \,(\text{J})$$

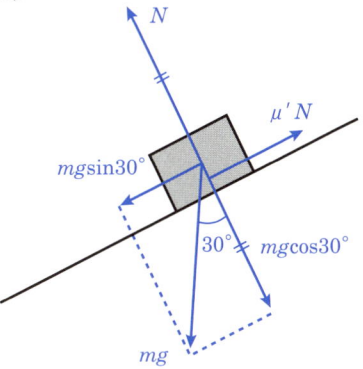

(3) 運動エネルギーと仕事の関係が $\Delta K = W_g + W_N + W_f$ なので，

$$\frac{1}{2}mv^2 - 0 = mgh + 0 + \left(-\frac{1}{4}mgh\right)$$

$$\frac{1}{2}mv^2 = mgh - \frac{1}{4}mgh = \frac{3}{4}mgh$$

$$\therefore v = \sqrt{\frac{3}{2}gh} \,(\text{m/s})$$

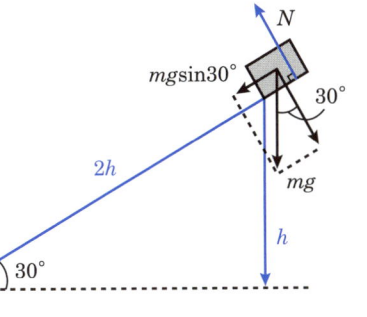

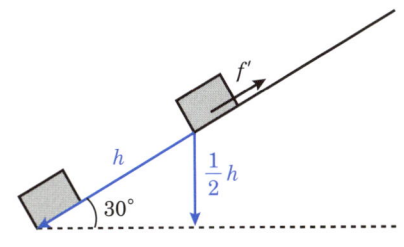

◆図 6-9-5　物体に働く力

◆図 6-9-5　物体に働く力がする仕事

第7章

運動量保存の法則

> **ポイント**
>
> 　本章で扱う主なテーマは「衝突」です．衝突後に物体の速度はどうなるのか，ということを主に考えていきますが，衝突という現象を考えやすくするために「力積」や「運動量」など，新しい物理量が登場します．これらの量の扱いにも慣れておきましょう．
>
> 　衝突では，ごく短時間に物体同士が接触して力を及ぼし合い，その後運動状態が変化します．運動量とは，こうした状況でにおいても，衝突前後でその和は保存されるもので，かんたんに関係式が得られるような便利な量です．

7.1 力積と運動量

7.1.1 ● 力積と運動量の関係

　ここでは，物体の衝突や分裂などが主なテーマになります．物体と物体が衝突するときには，ごくわずかな時間だけ物体どうしが接触し，お互いに力を及ぼし合います．その結果，物体の運動状態は変化しますが，たとえわずかな時間とはいえ，そこにはニュートンの運動の法則が成り立ち，物体において運動方程式を立てることができます．

■ 衝突の例

　一直線上を運動する 2 球の衝突について考えてみましょう．質量 m と M の物体 A，B が，それぞれ速度 v と V で滑らかな水平面上を運動していて，その後，衝突し，衝突後の速度が v'，V' となったとします．

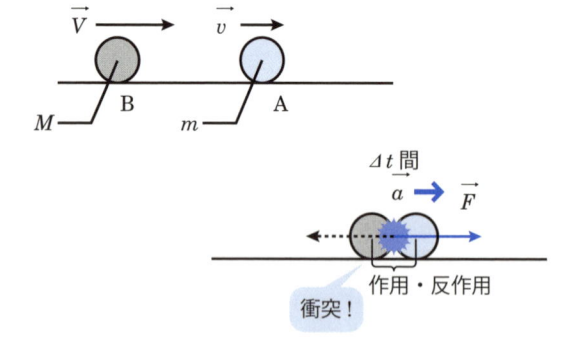

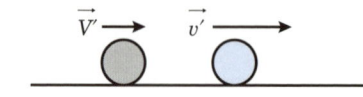

◆図 7-1-1　一直線上を運動する 2 球の衝突

この衝突において物体Aに働く力を$\vec{F}$，衝突している間の微小時間をΔt，このときに生じる加速度をaとすると，運動方程式は，

$$m\vec{a} = \vec{F} \quad \cdots ①$$

となります．また，衝突前の速度を$\vec{v}$，衝突後の速度を$\vec{v'}$とすると，加速度$\vec{a}$は，

$$\vec{a} = \frac{\vec{v'} - \vec{v}}{\Delta t} \quad \cdots ②$$

となります．②を①に代入して，

$$m \cdot \frac{\vec{v'} - \vec{v}}{\Delta t} = \vec{F}$$

したがって，

$$m\vec{v'} - m\vec{v} = \vec{F}\Delta t$$

となります．この式は，衝突の瞬間である微小時間に成り立つ運動方程式なので，"瞬間の運動方程式"とも呼ぶことができます．また，この関係式の中に登場している式に関して，

$$\begin{cases} m\vec{v}, \; m\vec{v'} \,(=質量\times速度) & \cdots \textbf{運動量}(\text{momentum}) \\ \vec{F}\Delta t \,(=力\times時間) & \cdots \textbf{力積}(\text{impulse}) \end{cases}$$

というように，新しい物理量で定義すると，衝突などの物理現象について考えやすくなります．なお，これらの量はどちらも大きさと向きをもつベクトル量です．

■ 力積を用いた関係式

運動量，力積という物理量を定めると，衝突における関係式$m\vec{v'} - m\vec{v} = \vec{F}\Delta t$は，「運動量の変化量＝力積」という意味を示す式になります．この関係式をベクトル図で表してみましょう．

まず，$m\vec{v'} - m\vec{v} = \vec{F}\Delta t$ の式を，移項により，

$$m\vec{v} + \vec{F}\Delta t = m\vec{v'} \quad \cdots ③$$

と和の形にします．この式の意味するところは，"物体が$m\vec{v}$という勢いで運動していたところ，うしろから衝突されたことで$\vec{F}\Delta t$という衝撃をもらい，さらに勢いを増して，$m\vec{v'}$となった"といった感じです．

ここで，③をベクトル図で表すと，

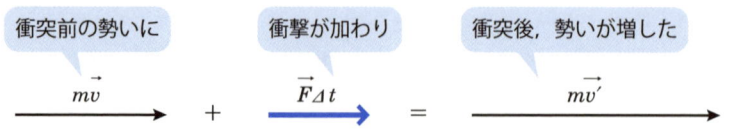

衝突前の勢いに　　衝撃が加わり　　衝突後，勢いが増した
$\vec{mv}$　　　　＋　　$\vec{F\Delta t}$　　　＝　　$\vec{mv'}$

◆図 7-1-2　運動量と力積の関係

このことより，図 7-1-3 のように，衝突を単純なベクトルの和や差などの関係図で表すことができます．

$\vec{mv}$　　$\vec{F\Delta t}$
$\vec{mv'}$

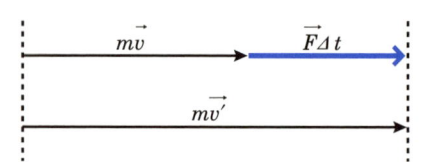

◆図 7-1-3　衝突前後における運動量と力積のイメージ

このように，衝突の現象において，運動量と力積という新たな物理量を定義することは，理解を深めるうえで，とても有効です．

> **運動量と力積の関係**
>
> 運動量の変化量は，物体に加わる力積に等しい．
>
> $\vec{mv'} - \vec{mv} = \vec{F\Delta t}$
>
> 運動量の変化量＝力積

7.1.2 ● 運動量と力積のイメージ

「運動量」と「力積」というこれら二つの量のイメージは，簡単にいえば運動量は「勢い」，力積は「衝撃」を表す量と考えることができます．

■ 運動量とは

運動量 $\vec{mv}$ は質量 m が大きいほど大きくなる量です．たとえば，同じ大きさの木の球と鉛の球が，同じ速度で投げられたとき，受け取ったときに感じる勢いは，質量の大きい鉛のほうが，質量の小さい木よりも大きいでしょう．つまり，運動量とは運動の勢いを表す物理量と考えることができます．

> **運動量の式**
> 運動量 $\vec{p} = m\vec{v}$〔kg・m/s〕

質量 m と質量 M の物体（$m<M$）がともに速度 v で運動した場合の運動量は，図7-1-4のように表すことができます．

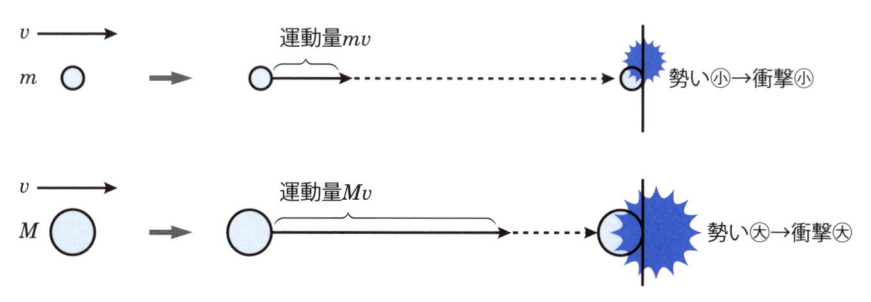

◆図7-1-4　運動量のイメージ

このように，同じ速度で運動していても，質量が大きければ物体の勢いも大きくなり，壁への衝撃もまた大きくなります．

■ 力積とは

勢い（運動量）をもつ物体は，衝突する相手に衝撃を与えますが，その分，自身の勢いは少し減ります．つまり，"勢い"の変化は"衝撃"と関係する量であり，運動量の変化が力積と等しいことから，**力積は衝撃を表す量**と考えることができます．

たとえば、飛んできた球を手で受け止める場合、球の勢いを 0 にするために、手の部分で勢いと逆向きの力 F が球に短時間（Δt）加わることになります。これが球に加わる力積です。このように力が球に短時間に加わる状況は、ピッチャーの投げたボールをキャッチャーが受け止めるときの「バシッ!」という音を聞いたときに感じる"衝撃"をイメージするとわかりやすいでしょう。

また、ボールが壁に衝突したときなどは、ボールは、ごく短い時間だけ壁にくっついて壁から力をもらいますが、このときの力の大きさは、厳密には一定ではありません。図 7-1-5 に示すように、衝突開始から壁から離れるまでに物体が壁からもらう力は変化します。しかし、この変化する力積は非常に扱いづらいため、衝突のはじめから終わりまでにもうらう壁からの力の平均値をとり、その平均値の力が一定の大きさで働く考えたほうが、力積を求めやすくなります。

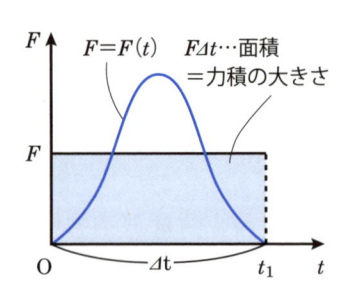

◆図 7-1-5　F-t グラフと力積

このような考えから、力積の式は、$I = F\Delta t$ となりますが、図 7-1-5 から、F-t グラフの面積を表すことがわかります。

また、F が変化する場合は、

$$\text{力積 } I = \int_0^{t_1} F(t)\,dt$$

となり、$F(t)$ で表される曲線と t 軸で囲まれた面積で求まります。

練習問題 7-1

速さ 40〔m/s〕（時速 144km）でまっすぐに飛んできた質量 0.20〔kg〕のボールをバットでバントしたところ、ボールは飛んできた方向とは逆向きに 5.0〔m/s〕で進んだ。ここで、次の問いに答えよ。なお、ボールが飛んできたときの速度の向きを正とする。

(1) バットがボールに与えた力積はいくらか。

(2) ボールがバットに当たっている時間が 0.020〔s〕であるとき,バットがボールにおよぼした平均の力は何 N か.

(3) 水平方向から 60°上方に向かって同じ速さで打ち返す場合の,ボールに与える力積の大きさとその向きを求めよ.

解答

(1) バットがボールに与えた力積は,ボールの運動量変化と等しいので,
$$I_1 = -0.20 \times 5.0 - 0.20 \times 40$$
$$= -9.0 \text{〔N·s〕}$$

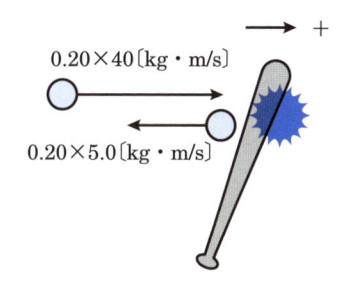

◆図 7-1-6　ボールの運動量の変化

(2) ボールを打ち返したときの様子は図 7-1-7 のようになるから
$I_1 = F \varDelta t$ より,
$$F = \frac{-9.0}{0.020} = 450$$
$$= -4.5 \times 10^2 \text{〔N〕}$$

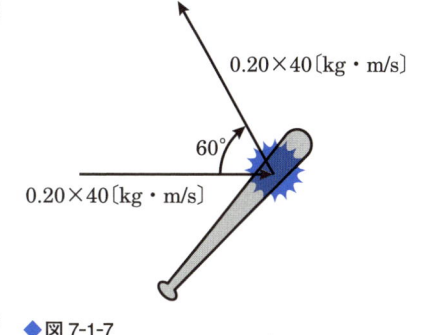

◆図 7-1-7　60°傾けるときのボールの運動量の変化

(3) 求める力積は,図 7-1-8 の I_2 より,
$$I_2 = 0.20 \times 40 \times \cos 30° \times 2$$
$$= 8.0 \times \sqrt{3}$$
$$= 8.0 \times 1.732 = 13.856 ≒ 14 \text{〔N·s〕}$$

向きは,飛んでくるボールに向かって 30°上方である

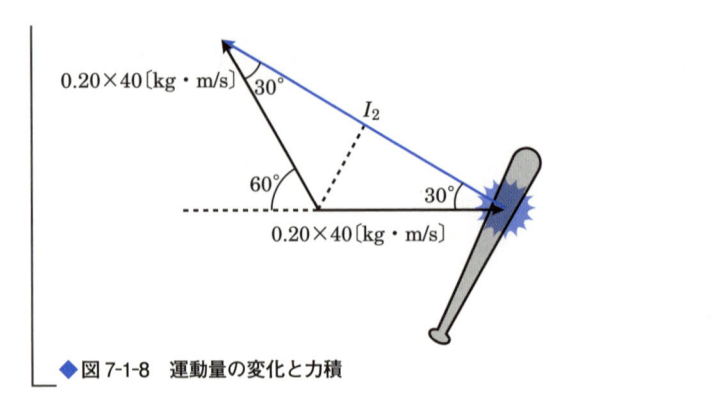

第7章 運動量保存の法則

0.20×40〔kg・m/s〕 30°
I_2
60°
0.20×40〔kg・m/s〕 30°

◆図7-1-8　運動量の変化と力積

7.2 運動量保存の法則

7.2.1 ● 一直線上における衝突

2つの球が一直線上において衝突する場合（2球の直衝突）を考えてみましょう．7.1.1の例と同様に，質量 m と M をもつ物体 A，B が，なめらかな水平面上をそれぞれ速度 v と V で運動していて，その後衝突し，衝突後の速度が v'，V' となったとします．

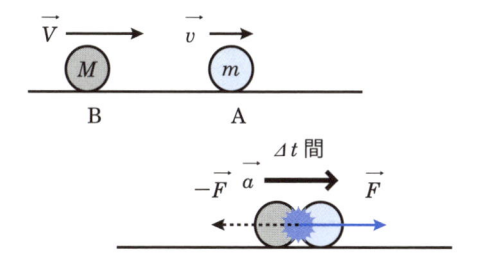

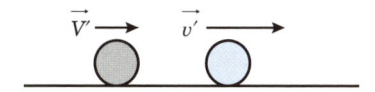

◆図 7-2-1　一直線上における衝突

A，B について，衝突している時間を Δt として運動量と力積の関係式を立てると，より，

$\quad$ A：$m\vec{v} - m\vec{v'} = \vec{F}\Delta t$ …①
$\quad$ B：$M\vec{V} - M\vec{V'} = -\vec{F}\Delta t$ …②

①+②より，

$\quad m\vec{v} - m\vec{v'} + (M\vec{V} - M\vec{V'}) = \vec{F}\Delta t + (-\vec{F}\Delta t) = 0$

したがって，

$$m\vec{v} + M\vec{V} = m\vec{v'} + M\vec{V'}$$

この式は,「衝突前の運動量の和＝衝突後の運動量の和」を示しています．衝突前後において，物体のもつ運動量の和は変わらないということであり，これを**運動量保存の法則**といいます．

式①と②では，力積 $\vec{F}\Delta t$ や $-\vec{F}\Delta t$ がかかわっていますが，二つの式の和をとると，両者の力積が打ち消し合ってしまいます．これは，二つの物体を一つの系とみるときは，その系の中，つまり，**内部で互いに力が作用し合っていても，外部からの力が働かない限りは，系全体の運動量の和は常に一定に保たれている**ということを表しています．系の内部の力，つまり，内力のみで物体の運動状態が変化するとき，運動量は保存されるということです．

運動量保存の法則

$$m\vec{v} + M\vec{V} = m\vec{v'} + M\vec{V'}$$

衝突前の運動量の和＝衝突後の運動量の和

なお，運動量保存の法則をベクトル図で表すと，図 7-2-2 のようになります．

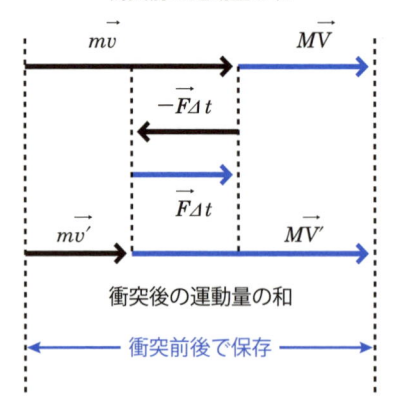

◆図 7-2-2　運動量保存の法則を示すベクトル図

練習問題 7-2

右図のように一直線上を10〔m/s〕の速度で運動している質量0.10〔kg〕の物体が静止している0.40〔kg〕の物体に衝突した．衝突後，二つの物体が一体となって進んだときの速度を求めよ．

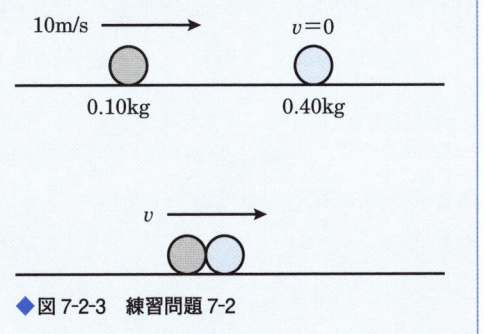

◆図7-2-3　練習問題7-2

解答

衝突後の速度を v とすると，運動量保存の法則より，

$0.10 \times 10 = (0.10 + 0.40)v$

$1.0 = 0.50v$

$\therefore v = 2.0$　　$\therefore$ 右向きに2.0〔m/s^2〕

7.2.2 ● 平面上における衝突

平面上における2球の衝突の様子を表した図7-2-4を見てみましょう．

一直線上での衝突と同様に，平面上における衝突においても運動量保存則が成り立ちます．この場合，一般に x 方向と y 方向の2方向の成分を考えて式を立てていきます．

x 方向，y 方向における運動量保存則より，

　　x 成分：$mv_x + MV_x = mv_x' + MV_x'$

　　y 成分：$mv_y + MV_y = mv_y' + MV_y'$

が成り立ちます．ここで，速度成分は，

　　$\vec{v} = (v_x, \ v_y), \ \vec{V} = (V_x, \ V_y)$

　　$\vec{v'} = (v_x', \ v_y'), \ \vec{V'} = (V_x', \ V_y')$

より，

第7章 運動量保存の法則

$$m(v_x,\ v_y) + M(V_x,\ V_y) = m(v_x',\ v_y') + M(V_x',\ V_y')$$

したがって，次のベクトル式が成り立ちます．

$$\vec{mv} + \vec{MV} = \vec{mv'} + \vec{MV'} \quad \rightarrow 運動量保存！$$

このように，平面上の衝突でも，衝突前後で物体の速度は変化しますが，運動量の和は保存されます．これをベクトル図で表すと，図 7-2-5 のようになります．

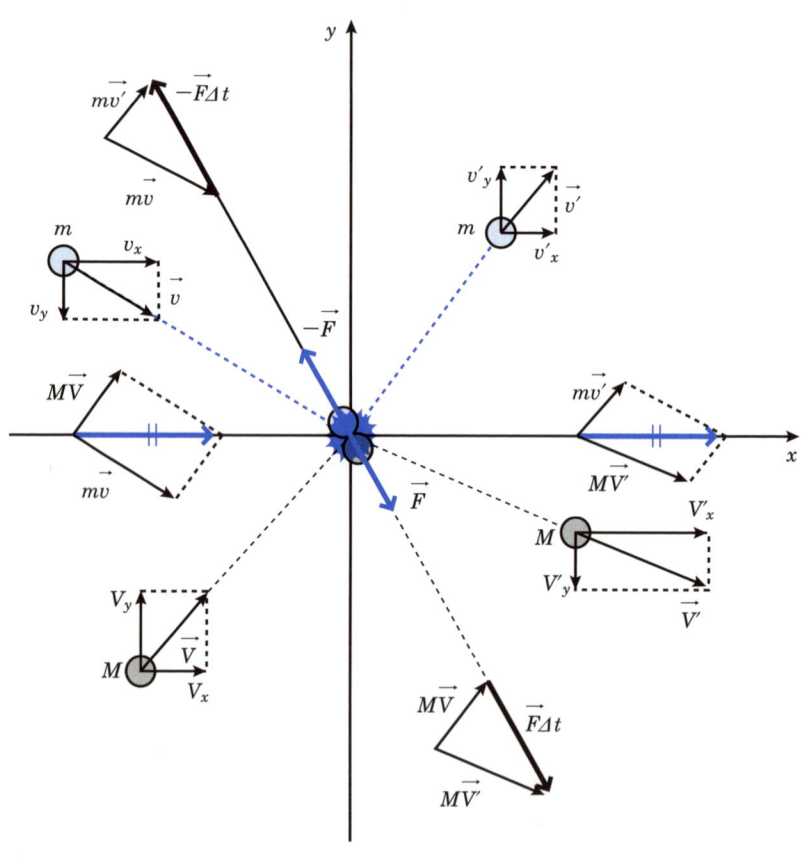

◆図 7-2-4　平面上における 2 球の衝突

216

7-2 ■ 運動量保存の法則

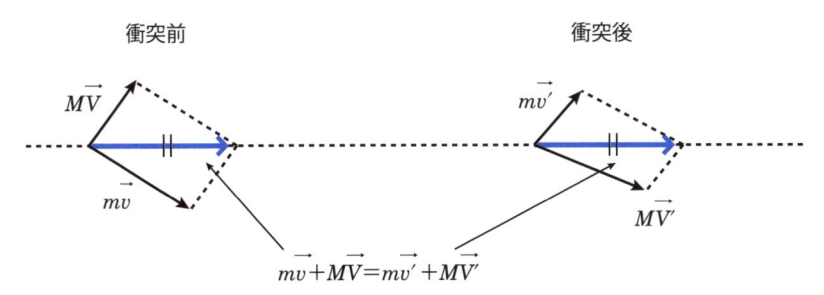

衝突前　　　　　　　　　　　衝突後

$\vec{mv} + \vec{MV} = \vec{mv'} + \vec{MV'}$

◆図 7-2-5　衝突前後における運動量の和のベクトル表示

練習問題 7-3

図 7-2-6 のように，なめらかな水平面上において，質量 M の物体 A が速さ V_0 で静止している質量 m の物体 B に衝突した．その後，物体 A は進行方向から 30° 左の方向にずれ，物体 B は物体 A の衝突前の進行方向から 60° 右の方向に進んでいった．

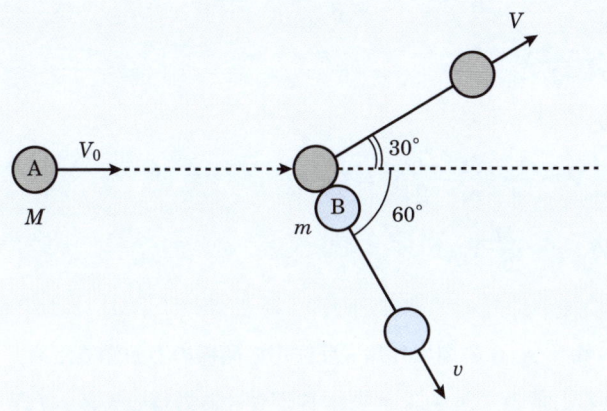

◆図 7-2-6　練習問題 7-3

(1) 衝突後の物体 A，B の速さをそれぞれ V，v として，運動量保存則を示す式を立てよ．
(2) 衝突後の物体 A，B の速さ V，v を求めよ．
(3) 物体 A が受ける力積の方向と大きさを求めよ．

217

解答

(1) x方向，y方向それぞれについて，運動量保存則より，

$x：MV_0 = MV\cos 30° + mv\cos 60°$

$y：0 = MV\sin 30° + m(-v\sin 60°)$

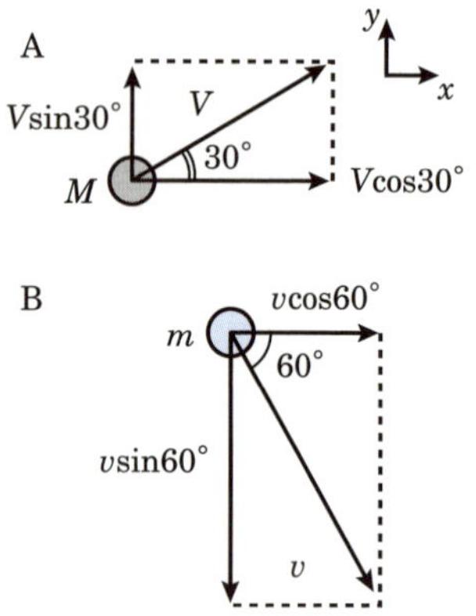

(2) (1)より，

$x：MV_0 = \dfrac{\sqrt{3}}{2}MV + \dfrac{1}{2}mv$ …①

$y：0 = \dfrac{1}{2}MV - \dfrac{\sqrt{3}}{2}mv$

$\therefore mv = \dfrac{1}{\sqrt{3}}MV$ …②

②を①に代入して，

$MV_0 = \dfrac{\sqrt{3}}{2}MV + \dfrac{1}{2}\cdot\dfrac{1}{\sqrt{3}}MV \quad \therefore \dfrac{3+1}{\sqrt{3}}MV = 2MV_0$

したがって，$V = \dfrac{\sqrt{3}}{2}V_0$

また，②より，

$v = \dfrac{1}{\sqrt{3}}\cdot\dfrac{M}{m}V = \dfrac{1}{\sqrt{3}}\cdot\dfrac{M}{m}\cdot\dfrac{\sqrt{3}}{2}V_0 = \dfrac{M}{2m}V_0$

$\therefore V = \dfrac{\sqrt{3}}{2}V_0,\quad v = \dfrac{M}{2m}V_0$

◆図 7-2-7
衝突後の速度の成分分解

(3) 衝突に際し，物体 A, B の間に作用・反作用の関係の力が働くため，"物体 A が受ける力積の大きさ I_A = 物体 B が受ける力積の大きさ I_B" したがって，物体 A が受ける力積の大きさ I_A は，

$I_A = I_B = mv - 0 = mv = m\cdot\dfrac{M}{2m}v_0 = \dfrac{1}{2}Mv_0$

また，物体 A が受けた力積の向き $\vec{I_A}$ は，B が受けた力積 $\vec{I_B}$ と逆向きなので，$\vec{I_A} = -\vec{I_B}$ となります．したがって，物体 A が受けた力積の向きは，「物体 A の衝突前の進行方向から左に 120° の角度をなす方向」です．

7.3 はね返り係数

7.3.1 ● はね返り係数とは

　ボールを床に落下させると，ボールは床に当たってはね返ります．このときのはね返り方というのは，ボールの素材や固さ，そして床の状態などで変わってきます．このはね返り方をある一つの数値として表したものを，**はね返り係数**といいます．

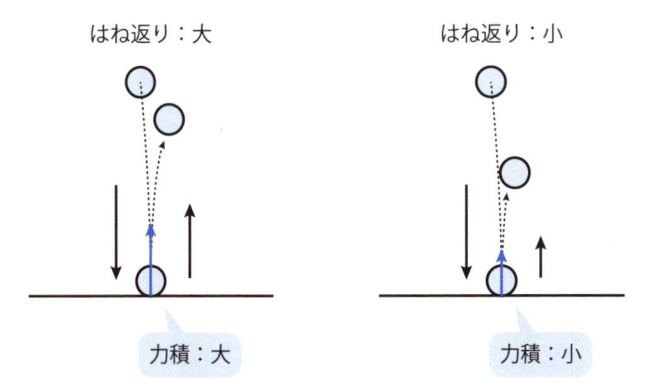

はね返り：大　　　　　　　　はね返り：小

力積：大　　　　　　　　　力積：小

◆図 7-3-1　物体と床の衝突におけるはね返り方の違い

　物体のはね返り方は，衝突相手から受けた力積で決まりますが，実際に衝突したとき，**衝突前と衝突後の速さの比**で定義したものがはね返り係数です．たとえば，壁に向かってボールを投げて衝突させたとき，衝突前の速さが $10 \, \mathrm{[m/s]}$ で，衝突後の速さが $6 \, \mathrm{[m/s]}$ だったとすると，はね返り係数 e は，

$$e = \frac{6}{10} = 0.6$$

となります．

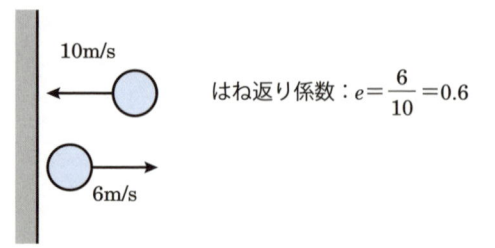

◆図 7-3-2　壁への衝突におけるはね返りの例

つまり，はね返り係数とは，衝突前の近づく速さに対して，衝突後の離れる速さがどのくらいの割合なのかを示す値です．

> **はね返り係数**
>
> $$はね返り係数\ e = \frac{離れる速さ（衝突後の速さ）}{近づく速さ（衝突前の速さ）}$$

7.3.2 ● はね返り係数の値の範囲と速度

■ はね返り係数の値の範囲

　一般的に，物体は衝突すると，衝突前に蓄えていたエネルギーの何割かを失います．物理では，エネルギーを失わないような理想的な条件における衝突も検討しますが，衝突後の速さはどんなに速くても衝突前の速さと同じです．このときのはね返り係数は $e=1$ ですが，一般的には，前述したように，衝突前よりも小さな値ではね返るので，$0<e<1$ となります．また，衝撃吸収素材で作られたボールなどは，床に落下させてもまったくはね返らず，衝突後の速さが 0 となるため，$e=0$ となります．したがって，はね返り係数 e がとる値の範囲は，$0 \leq e \leq 1$ となります．

■ はね返り係数と速度

　物体が壁に衝突する場合において，はね返り係数を速度で表すと，一般に衝突前の速度を v，衝突後の速度を v' とすると，次のように表されます．

$$e = -\frac{v'}{v} \ (= -離れる速度／近づく速度)$$

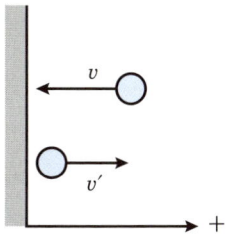

◆図7-3-3　壁に衝突する場合のはね返り係数の公式

　ここで，図7-3-3より，速度 v が負ならば，はね返ってくる速度 v' は逆向きで正です．

　単に $\dfrac{v'}{v}$ という計算の場合，e は負の値になってしまいます．はね返り係数は正の値で定義されるため，値を正にするために，マイナス（−）の符号を付けます．

　さらに，衝突後の速度を式にしてみると，

$$e = -\dfrac{v'}{v} \quad \text{より} \quad v' = -ev$$

となるので，**衝突前の速度 v の e 倍の速度で逆向きにはね返る**，ということがわかります．

練習問題 7-3

　なめらかで水平な床に，床から 1.0〔m〕の高さから小球を落としたところ，床に衝突してはね返り，高さ 0.64〔m〕まで上がった．小球と床のはね返り係数を求めよ．また，2回目に衝突してはね返ったときの最高点の高さを求めよ．

解答

　高さ h_0 から小球を落としたとき，衝突直前の速さ v_0 は，エネルギー保存より，

$$\frac{1}{2}mv_0^2 = mgh_0 \text{ より,}$$

$$v_0 = \sqrt{2gh_0}$$

次に，1回衝突してはね返ったときの速さ v_1 は，

$$\frac{1}{2}mv_1^2 = mgh_1 \text{ より,}$$

$$v_1 = \sqrt{2gh_1}$$

したがって，はね返り係数は，

$$e = \frac{v_1}{v_0} = \frac{\sqrt{2gh_1}}{\sqrt{2gh_0}} = \sqrt{\frac{h_1}{h_0}} = \sqrt{\frac{0.64}{1.0}} = 0.80$$

ここで，衝突後の高さは，$e = \sqrt{\frac{h_1}{h_0}}$ より，

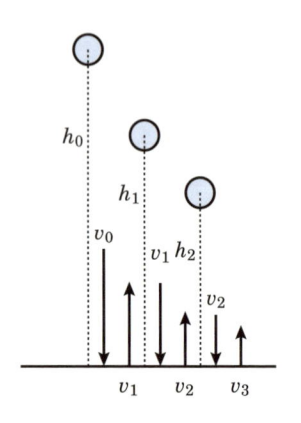

$h_1 = e^2 h_0$ なので，2回目の衝突後の高さについては，$h_2 = e^2 h_1$ とすることができます．したがって，

$$h_2 = e^2 h_1 = e^2 \cdot e^2 h_0 = e^4 h_0 = 0.80^4 \times 1.0 \fallingdotseq 0.41 \text{〔m〕}$$

◆図7-3-4　床への繰返し衝突

7.3.3 ● 一直線上の衝突におけるはね返り係数

　物体が壁に衝突する場合の，はね返り係数は，衝突前後の物体の速さの比をとればよかったのですが，2球が衝突する場合はどのように求めればよいでしょうか．図7-3-5のように，一直線上における2球が衝突（2球の直衝突）するケースについて考えてみましょう．

◆図7-3-5　一直線上の2球の衝突

　2球が一直線上を運動して衝突する場合は，衝突前後の相対速度を求めて，その値を用いた比をとると，はね返り係数が求められます．図7-3-6より，衝突前後における球Aに対する球Bの相対速度は次のようになります．

7-3 はね返り係数

衝突前：Aに対するBの相対速度 v_2-v_1
衝突後：Aに対するBの相対速度 $v_2'-v_1'$

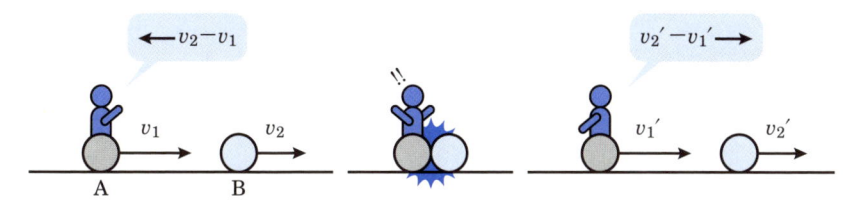

◆図7-3-6 衝突前後における相対速度

　これらのAに対する相対速度は，Aを基準とした速度です．つまり，Aに乗っている観測者に対して，衝突前後の近づいてくる速度 v_2-v_1 と離れていく速度 $v_2'-v_1'$ と考えることができます．これは，壁への衝突と同じだといえます．

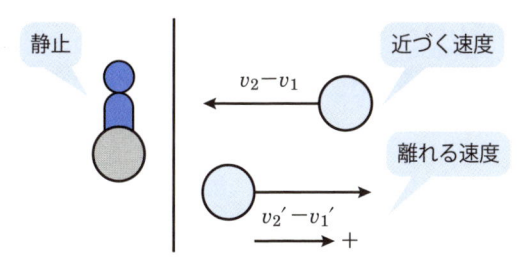

◆図7-3-7　2球の衝突を壁への衝突に置き換える

　ここで，衝突前後における相対速度の比をとればはね返り係数となりますが，それぞれの相対速度の符号は，右向きを正として，

$v_2-v_1<0$, $v_2'-v_1'>0$

となり，これをそのまま比にしてはね返り係数を求めようとすると，値が負になってしまいます．はね返り係数は正の値で定義されることから，この比の値にマイナスをつけます．これで，はね返り係数は正になります．したがって，この場合におけるはね返り係数の式は，次のようになります．

$$e = -\frac{v_2'-v_1'}{v_2-v_1}$$

> **2球の衝突におけるはね返り係数の公式**
> $$e = -\frac{v_2' - v_1'}{v_2 - v_1} \quad (0 \leq e \leq 1)$$

7.3.4 ● はね返り係数の種類

7.3.2 の「はね返り係数の値の範囲」で述べたとおり，はね返り係数は正の値をとり，その値の範囲は $0 \leq e \leq 1$ と．それでは，はね返り係数 e がある特定の値をとるとき，どのような式が成り立つかを考えてみましょう．

■ $e=1$ の場合：（完全）弾性衝突

$$1 = -\frac{v_2' - v_1'}{v_2 - v_1} \text{ より,}$$

$$v_1 - v_2 = v_2' - v_1'$$

これは，相対速度の大きさが等しいということで，物体 A に対して「近づく速さ＝離れる速さ」が成り立ち，衝突前後で 2 球の運動エネルギーの和が保存されます．

■ $e=0$ の場合：完全非弾性衝突

$$0 = -\frac{v_2' - v_1'}{v_2 - v_1} \text{ より,}$$

$$v_2' - v_1' = 0 \quad \therefore v_1' = v_2'$$

この結果より，2 球の速度は等しくなることから，衝突後，一体となって運動するということがわかります．つまり，衝突後，二つの物体はくっついてまったくはね返らないという状態になります．

■ $0 < e < 1$ の場合：非弾性衝突

$$0 < -\frac{v_2' - v_1'}{v_2 - v_1} < 1 \text{ より,}$$

$$0 < v_1' - v_2' < v_2 - v_1$$

$v_1' - v_2' < v_2 - v_1$ より "離れる速さ＜近づく速さ" となりますが，これが

一般的な衝突のケースです．この場合，衝突において全体の運動エネルギーは，熱や音のエネルギーに変換され，全体の何割かが減少します．

練習問題 7-4

右向きに速さ 3.0 [m/s] で進む質量 3.0 [kg] の球 A と左向きに速さ 2.0 [m/s] 進む質量 5.0 [kg] の球 B が，同一直線上で正面衝突した．衝突後の球 A と球 B の速度を求めよ．ただし，はね返り係数は 0.2 とする．

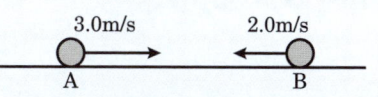

◆図 7-3-8　練習問題 7-4

解 答

一直線上の衝突問題では，次の二つの式を立てて解いていきます．

①運動量保存則

②はね返り係数の式

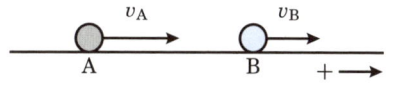

◆図 7-3-9　衝突後の速度

衝突後の速度を，右向きを正として v_A，v_B とすると，運動量保存則より，

$$3.0 \times 3.0 + 5.0 \times (-2.0) = 3.0 v_A + 5.0 v_B$$

また，はね返り係数の式より，

$$0.2 = -\frac{v_A - v_B}{3.0 - (-2.0)}$$

したがって，次のようになります．

$$3.0 v_A + 5.0 v_B = -1.0$$

$$v_A - v_B = -1.0$$

この連立方程式を解くと，

$$v_A = -0.75, v_B = 0.25$$

これより，衝突後の速度は，球 A は左向きに 0.75 [m/s]，球 B は右向きに 0.25 [m/s] となります．

7.4 小球と平面との斜め衝突

　図 7-4-1 のように，なめらかな平面に小球が斜めから衝突する場合を考えてみましょう．ここで，はね返り係数は e とし，衝突前後で小球は等速直線運動をするとします．

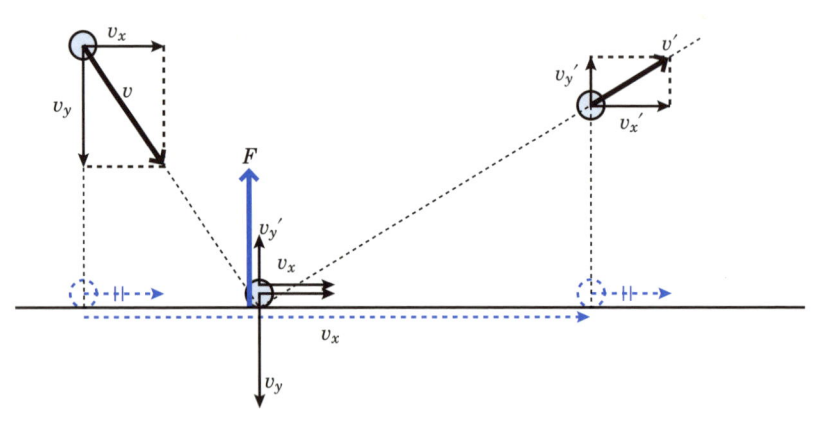

◆図 7-4-1　小球と平面との斜め衝突

■ はね返りを求める

　衝突前後における速度成分において成り立つ式は，次のようになります．

・面に平行な成分

　なめらかな面なので摩擦は働きません．したがって，衝突前後における速度成分は変わらないので，

$$v'_x = v_x$$

となります．なめらかな面への斜面衝突では，面に平行な成分は速度が不変です．

7-4 小球と平面との斜め衝突

・面に垂直な成分

面に垂直な成分については，はね返り係数の式が成り立つので，はね返り係数の式より，

$$e = -\frac{v'_y}{v_y} \text{より}, \quad v'_y = -ev_y$$

となります．つまり，逆向き e 倍の速度成分ではね返ります．

■ 力積を求める

衝突後，これらの成分を合成してできた速度の方向へと物体は運動します．そして，小球が床から受けた力積も考えることができます．

小球が床から受けた力積 I の大きさは，図 7-4-1 のベクトル図から，

$$I = |mv'_y - mv_y| = |mv'_y| + |mv_y|$$

と求められます．

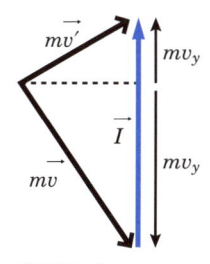

◆図 7-4-2 斜め衝突における運動量と力積の関係

練習問題 7-5

水平面に対して 30° に傾くなめらかな斜面がある．この斜面に空中の点 A から小球を落下させたところ，速さ v で衝突した．小球と斜面のはね返り係数を $\frac{1}{3}$ として，次の問いに答えよ．

(1) 衝突直後の速度の斜面に対して平行な成分と垂直な成分を求めよ．
(2) 衝突直後の速度の水平成分と鉛直成分を求めよ．

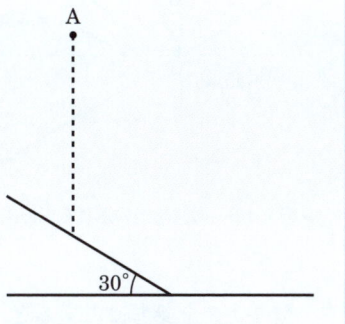

◆図 7-4-3　練習問題 7-5

解答

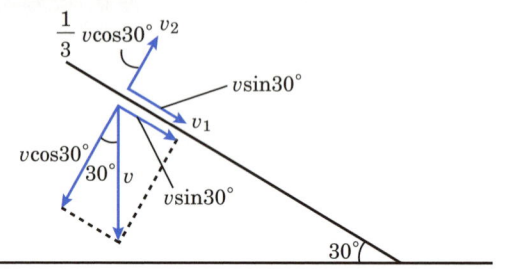

◆図7-4-4　衝突前後の速度を斜面平行方向と垂直方向に分解する

(1) 衝突直前の斜面に対して平行な成分は $v\sin30°$，垂直な成分は $v\cos30°$ なので，衝突直後における各成分は次のようになります．

斜面に対して平行な成分 $v_1 = v\sin30° = \dfrac{1}{2}v$

斜面に対して垂直な成分 $v_2 = \dfrac{1}{3}v\cos30° = \dfrac{\sqrt{3}}{6}v$

(2)

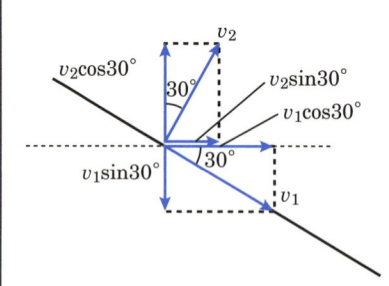

◆図7-4-5　衝突直後の速度を鉛直方向と水平方向に分解する

図7-4-5を参考に考えると，衝突直後の成分は次のようになります．

・水平成分：$v_x = v_1\cos30° + v_2\sin30° = \dfrac{1}{2}v \cdot \dfrac{\sqrt{3}}{2} + \dfrac{\sqrt{3}}{6}v \cdot \dfrac{1}{2} = \dfrac{\sqrt{3}}{3}v$

・鉛直成分：$v_y = v_2\cos30° - v_1\sin30° = \dfrac{\sqrt{3}}{6}v \cdot \dfrac{\sqrt{3}}{2} - \dfrac{1}{2}v \cdot \dfrac{1}{2} = 0$

したがって，衝突後は水平投射になることがわかります．

第8章

円運動

ポイント

　ここまでは，物体の直線の運動を主に考えてきましたが，円運動も欠かすことのできない大事な運動です．太陽の周りをまわる惑星の多くもほぼ円運動をしているとみなしてよいですし，原子核の周りを電子が回るのも円運動です．

　本章では，直線運動との違いとして，角度に絡んだ公式がたくさん出てくるのでしっかりと理解して使えるようにしておきましょう．また，円運動する物体に関する運動方程式を立てるなければならない場合もあります．運動方程式をしっかりと立てるためにも，等速円運動する物体の加速度や働く力は中心方向であることをしっかりと認識しておきましょう．

第8章 円運動

8.1 速度と角速度

8.1.1 等速円運動

　等しい速さで円運動することを**等速円運動**といいます．等速直線運動では物体の軌道は直線ですが，この軌道を円にすれば等速円運動になります．図8-1-1をみると，等速直線運動する物体の直線軌道がぐるりと一回りすれば等速円運動になることがわかります．

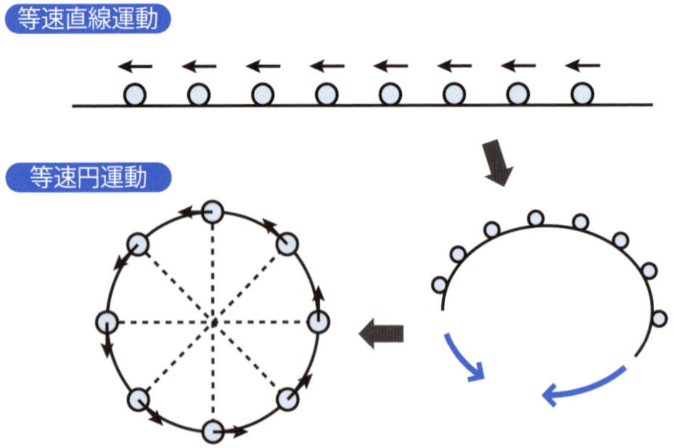

◆図8-1-1　等速直線運動を等速円運動に変換

8.1.2 角速度

　等速直線運動でも等速円運動でも，同じ時間間隔で動く距離はすべて等しくなります．円運動では物体の位置を決める場合，どのくらい進んだかを表す距離よりも，どのくらい**回転**したかを表す**角度**を用いる場合が多く，直線運動の単位時間における変位が速度であるのと同様，単位時間における回転

角度を**角速度**という量で決めます．等速円運動の場合，単位時間における回転角度が等しいため，一定の角速度をもっていることになります．

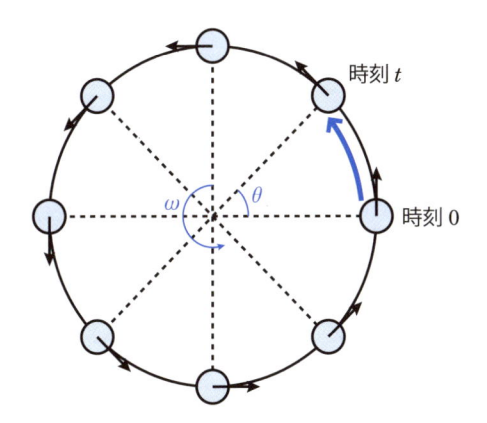

◆図 8-1-2　等速円運動する物体の回転角度

図 8-1-2 において，等速円運動する物体が t 秒間に角 θ〔rad〕回転するときの角速度を ω とおくと，

$$\omega = \frac{\theta}{t}$$

が成り立ちます．ここで，円運動でぐるりと一周回転する時間 T を**周期**といいますが，この周期 T の間に回転した角度は 2π なので，$\theta = 2\pi$，$t = T$ とおくと，

$$\omega = \frac{\theta}{t} = \frac{2\pi}{T}$$

となります．

> **角速度の求め方**
> 角速度 ω は，単位時間当たりに回転する量〔rad〕を示すものである．
> $$\omega = \frac{\theta}{t} = \frac{2\pi}{T} \text{〔rad/s〕}$$

次に，等速円運動の速さ v を求めてみましょう．角度 θ（$=\omega t$）のおうぎ形を考えた場合，弧の長さ l を時間 t で割れば速さが求められます．

$$v = \frac{l}{t}$$

ここで，ラジアンの定義（下記参照）

$\theta = \frac{l}{r}$ より，$l = r\theta$ となるため，

$$v = \frac{l}{t} = \frac{r\theta}{t}$$

また，角速度 $\omega = \frac{\theta}{t}$ より，

$$v = \frac{l}{t} = \frac{r\theta}{t} = r\omega$$

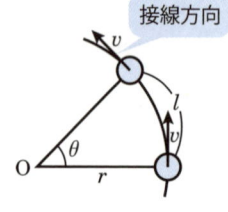

◆図 8-1-3　等速円運動の速度

なお，図 8-1-4 からもわかるように，円運動する物体の速度の方向は**接線方向**です．

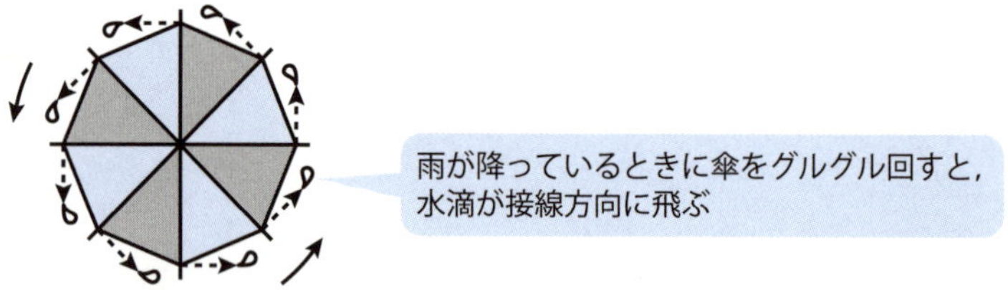

◆図 8-1-4　傘の回転と水滴の運動方向

雨が降っているときに傘をグルグル回すと，水滴が接線方向に飛ぶ

ラジアンの定義

ラジアンの定義とは，「1rad（ラジアン）＝円の半径に等しい弧に対する中心角」というものです．

半径 r の円において，弧の長さ l に対する中心角を θ とすると，l の中に半径 r は $\frac{l}{r}$ 個存在するので，この値を中心角の θ ラジアンとしました．つまり，

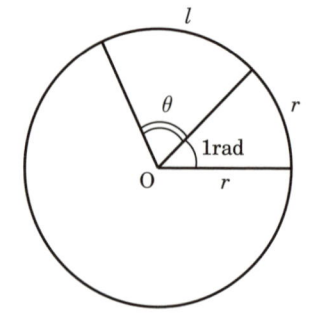

◆図 8-1-5　rad（ラジアン）の定義

$\theta = \dfrac{l}{r}$ となるので，$l = r\theta$ が成り立ちます．たとえば，$\pi\,[\mathrm{rad}] = 180°$ ですが，これは半円の弧の中に半径の長さが $3.14\,(=\pi)$ 個存在するということを示しています．

> **等速円運動の速度の求め方**
>
> 　等速円運動の速度 $v\,[\mathrm{m/s}]$ は円の接線方向を向き，その大きさは次の式で求めることができる．
>
> 　　$v = r\omega$

8.1.3 ● 周期

前述のとおり，1回転に要する時間を周期といいます．この周期を T とすると，半径 r の等速円運動の場合，円周 $2\pi r$ を速さ v で割ることで，周期を次のように求めることができます．

$$T = \dfrac{2\pi r}{v}$$

また，角速度 $\omega = \dfrac{2\pi}{T}$ より，

$$T = \dfrac{2\pi}{\omega}$$

となります．

> **周期の求め方**
>
> 　角速度 $\omega\,[\mathrm{rad/s}]$，速さ $v\,[\mathrm{m/s}]$ で等速円運動する物体の周期 $T\,[\mathrm{s}]$ は，次の式により求めることができる．
>
> 　　$T = \dfrac{2\pi r}{v} = \dfrac{2\pi}{\omega}$

8.1.4 • 回転数

単位時間当たりに回転する量を**回転数**といいます．1回転に T 秒間かかるとすると，1秒間に何回転するかは，$1 \div T = \dfrac{1}{T}$ となり，これが回転数となります．

たとえば，10回転するのに2秒かかる場合は，1回転するのに $\dfrac{2}{10} = \dfrac{1}{5} = 0.2$ 秒かかります．これは，周期 $T = \dfrac{1}{5}$ であることを表しています．また，1秒間の回転数を考えると，$\dfrac{10}{2} = 5$ 回転するということがわかります．ここで，回転数を n とおくと，$n = 5$ となり，周期 $T = \dfrac{1}{5}$ と逆数関係になっていることがわかります．

このことから，一般に，$n = \dfrac{1}{T}$ という関係式が得られます．

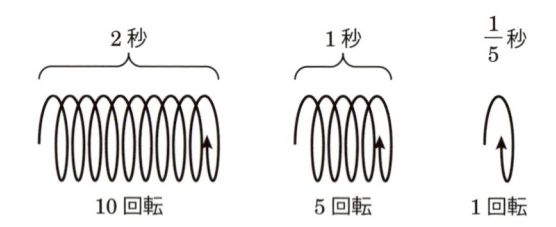

◆図 8-1-6　回転数と周期

> **回転数と周期の関係**
>
> 回転数 $n\,[1/\mathrm{s}]$ と周期 $T\,[\mathrm{s}]$ は，次の関係式で表される．
>
> $n = \dfrac{1}{T}$

8-1 ■ 速度と角速度

> **練習問題 8-1**
>
> 1.0分間に6.0回転する回転台があり，その上に人が乗っている．人の位置が回転の中心から4.0m離れた地点である場合について，周期T〔s〕，回転数n〔1/s〕，角速度ω〔rad/s〕，速さv〔m/s〕を求めよ．

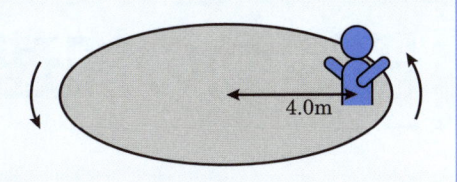

◆図8-1-7　練習問題8-1

$$\begin{array}{l}\text{解　答}\end{array}$$

1.0分間に6.0回転しているので，周期 $T = 60〔\text{s}〕 \div 6.0 = 10〔\text{s}〕$

これより，回転数 $n = \dfrac{1}{T} = \dfrac{1}{10} = 0.10〔1/\text{s}〕$

また，角速度 $\omega = \dfrac{2\pi}{T} = 2 \times \dfrac{3.14}{10} = 0.628 \fallingdotseq 0.63〔\text{rad/s}〕$

上記から，速さ $v = r\omega = 4.0 \times 0.628 = 2.51 \fallingdotseq 2.5〔\text{m/s}〕$

8.2 円運動の加速度

等速円運動にも，加速度は存在します．等速にもかかわらず加速度が存在するのは何だかおかしな気がしますが，円運動は等速で運動していても常に運動の方向が変わるので，速度変化が起こり，したがって加速度をもつのです．それでは，円運動の加速度を求めてみましょう．

8.2.1 ● 円運動の加速度を求めるには

図 8-2-1 は，角速度 ω，速さ v で等速円運動している物体が時刻 t から $t+\Delta t$ の間に $\Delta\theta = \omega\Delta t$ 回転した様子を表したものです．

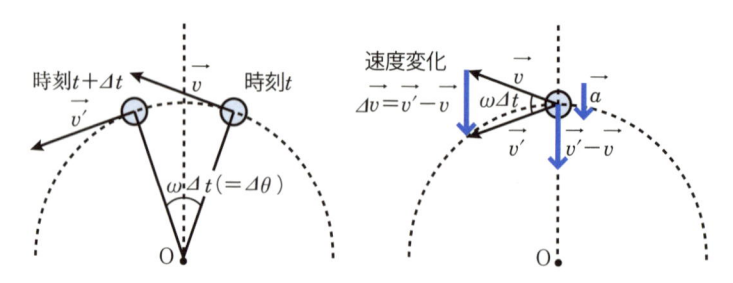

◆図 8-2-1 円運動の加速度

このとき，物体の速度が $\vec{v}$ から $\vec{v'}$ に変化したとすると，速度変化は $\Delta\vec{v} = \vec{v'} - \vec{v}$ となります．ここで，速度 $\vec{v}$ と $\vec{v'}$ を平行移動し，速度変化 $\Delta\vec{v}$ をベクトル図で表すと，図 8-2-1 のように下向きのベクトルが求まります．これをその物体に生じた速度変化と考えると，その向きは円運動の中心 O の向きとみなすことができます．速度変化が円の中心向きならば，それを時間 Δt で割ったものが加速度なので，加速度も円の中心向きとなります．

8-2 円運動の加速度

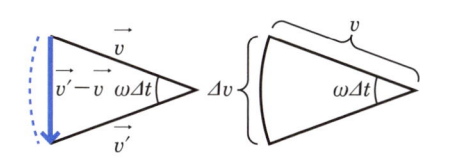

◆図 8-2-2 弧の長さと速度変化の大きさ

円運動の加速度の大きさ a は，$\Delta v = |\vec{v'} - \vec{v}|$ より，

$$a = \frac{\Delta v}{\Delta t}$$

となります．ここで，Δv について，円運動におけるあらゆる瞬間の速度について速度ベクトルの始点を中心に集めると図 8-2-3 のようになり，速度変化は弧の長さと近似できます．Δv は $\omega \Delta t$ が非常に小さく，図 8-2-2

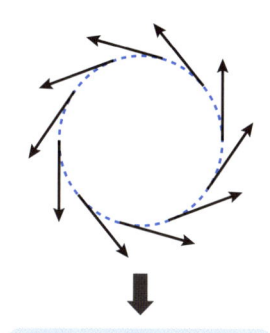

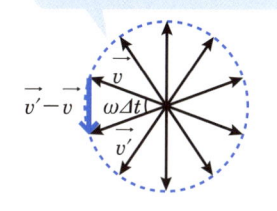

◆図 8-2-3 速度ベクトルを集めた図

のように，半径 v で回転角 $\omega \Delta t$ の扇形の弧の長さと近似できることから，

$$\Delta v = v \omega \Delta t$$

とすることができます．したがって，加速度 $a = \dfrac{\Delta v}{\Delta t} = \dfrac{v \omega \Delta t}{\Delta t} = v \omega$，円運動の速さ $v = r \omega$ より，

$$a = v \omega = r \omega^2 = \frac{v^2}{r}$$

と求められます．これが円運動の加速度の大きさであり，また，加速度の向きは速度変化の方向と同じなので，図 8-2-1 より，円の中心方向（向心方向）となります．

加速度の求め方

角速度 ω〔rad/s〕，速さ v〔m/s〕で半径 r〔m〕の等速円運動をしている物体の加速度は円の中心方向（向心方向）に生じ，その大きさ a〔m/s^2〕は次の式により求められる．

$$a = r \omega^2 = \frac{v^2}{r}$$

8.3 円運動の運動方程式

円運動はどのように起こるのでしょうか？ 図 8-3-1 に示す円運動を例にとって考えてみましょう．

◆図 8-3-1　円運動の例

・ハンマー投げの例

ハンマー投げで，選手がおもりを回転させている段階でひもが切れてしまったら，おもりは円運動せずに，見当違いな方向へと飛んでいってしまうでしょう．つまり，おもりが円運動を続けるためには，ひもがおもりを引っ張る力（張力）が必要ということがわかります．

・バイクのコーナーリングの例

バイクがコーナーを曲がるときに，その路面が凍結していたら，カーブを曲がりきれずに滑って転倒してしまいます．コーナーをきちんと走るためには，乾燥した道路を走るときのように，タイヤと道路の間に摩擦力が働いていなければなりません．

・スペースシャトルの例

スペースシャトルが地球の周りを円運動するときは，地球からの重力で引

8-3 ■ 円運動の運動方程式

っ張られていることが必要です．もし重力が働かなかったら，シャトルは地球からどんどん離れていってしまいます．

これらの例からわかるとおり，円運動する物体には常に**円の中心向きの力**が働いています．この中心向きの力のことを向心力といいます．

ニュートンの運動の第2法則「物体に力が働くとき，力の方向に加速度が生じる」から，円運動する物体には中心向きの向心力が働き，同時に中心向きの加速度が生じています．したがって，円運動をする物体について，次のように中心向きに運動方程式を立てることができます．

これまでの解説より，円運動の加速度は中心向きで，

$$a = \frac{v^2}{r}, \quad \text{または} \quad a = r\omega^2$$

と表すことができるので，円運動する質量 m の物体に関する中心向きの運動方程式は，

$$ma = F$$

より，

$$m\frac{v^2}{r} = F, \quad \text{または} \quad mr\omega^2 = F$$

となります．

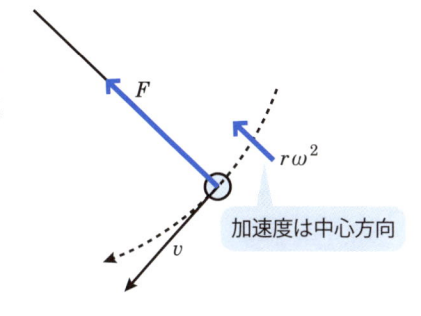

◆図 8-3-2　円運動の運動方程式

> **円運動の中心方向における運動方程式**
> $$m\frac{v^2}{r} = F, \quad \text{または} \quad mr\omega^2 = F$$

なお，接線方向の運動方程式は，

$$m\frac{dv}{dt} = F_\theta \quad (\text{接線方向に働く力の合力})$$

となりますが，等速円運動の場合は，$F_\theta = 0$ となり，

$$m\frac{dv}{dt} = 0$$

が成り立ちます．ここで，接線方向の加速度を a_θ とすると，

$$a_\theta = \frac{dv}{dt} = 0$$

となり，接線方向に等速運動をします．

第8章 円運動

練習問題 8-2

なめらかな水平面上の点 O に自然長 0.20〔m〕の軽いつる巻きばねの一端を固定し，他端に 0.25〔kg〕の小球をつけて角速度 4.0〔rad/s〕の等速円運動をさせたところ，ばねの長さは 0.25〔m〕になった．これについて，次の問いに答えよ．

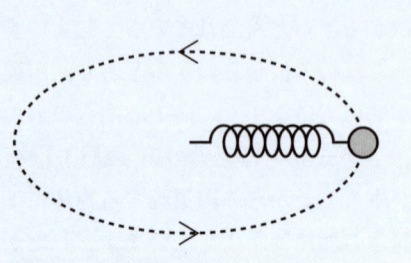

◆図 8-3-3　練習問題 8-2

(1) 小球の速度を求めよ．
(2) 小球の加速度を求めよ．
(3) ばねの弾性力とばね定数を求めよ．

解 答

等速円運動の公式を使用し，円運動の運動方程式を立てて解いていきます．

円運動における速さは $v = r\omega$　加速度は $a = r\omega^2$ でした．

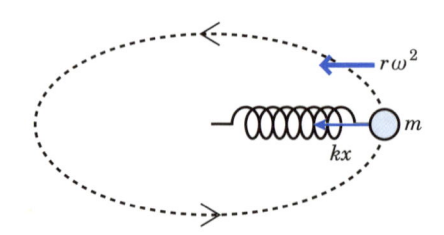

◆図 8-3-4　等速円運動する物体に働く力と生じる加速度

(1) $v = r\omega = 0.25 \times 4.0 = 1.0$〔m/s〕
(2) $a = r\omega^2 = 0.25 \times 4.0^2 = 4.0$〔m/s^2〕
(3) 運動方程式より，$mr\omega^2 = kx$ なので，
ばねの弾力性は，$kx = mr\omega^2 = 0.25 \times 0.25 \times 4.0^2 = 1.0$〔N〕
また，ばねの定数は $k = \dfrac{1.0}{x} = \dfrac{1.0}{0.25 - 0.20} = \dfrac{1.0}{0.05} = 20$〔N／m〕

練習問題 8-3

図8-3-5のように，長さ l の伸び縮みしない軽い糸の一端を天井に固定し，他端に質量 m のおもりをつるして，おもりに水平面内で等速円運動させた．このとき，糸は鉛直の方向に対して θ の角をなしていた．おもりの大きさは無視できるものとし，重力加速度の大きさを g として，次の問いに答えよ．

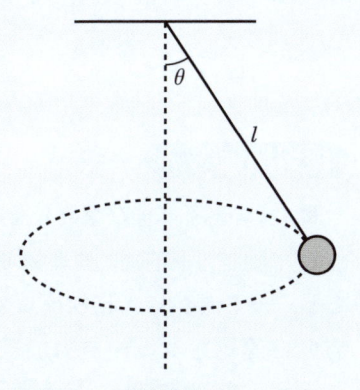

◆図8-3-5 練習問題8-3

(1) 糸の張力 S の大きさはいくらか．
(2) おもりの円運動の半径 r はいくらか．
(3) おもりの円運動の角速度 ω はいくらか．
(4) 円運動の周期 T はいくらか．

解答

(1) 半径 r，角速度 ω として，おもりにおいて運動方程式を立てると，

水平方向：$mr\omega^2 = S\sin\theta$ …①
鉛直方向：$0 = S\cos\theta - mg$ …②

②より，$S = \dfrac{mg}{\cos\theta}$ となります．

(2) $r = l\sin\theta$

(3) (1)の①より，$mr\omega^2 = S\sin\theta$

したがって，$m \cdot l\sin\theta \cdot \omega^2 = \dfrac{mg}{\cos\theta} \cdot \sin\theta$ より，

$\omega = \sqrt{\dfrac{g}{l\cos\theta}}$

◆図8-3-6 円すい振り子に働く力の様子

(4) $\omega = \dfrac{2\pi}{T}$ より，

$T = \dfrac{2\pi}{\omega} = 2\pi\sqrt{\dfrac{l\cos\theta}{g}}$

練習問題 8-4

　長さ l の軽くて伸び縮みしない糸の上端を点 O で固定して下端に質量 m の小球 A をつるし，最下点 P で A に初速 v_0 を与えて水平方向に運動させた．重力加速度の大きさを g として，次の問いに答えよ．

(1) 小球 A は，糸がぴんと張ったまま上昇して，鉛直下方と θ の角度をなす点 Q に到達した．

　ア：このときの A の速さ v を v_0, g, l, θ を用いて表せ．

　イ：このときの糸の張力を m, g, l, v, θ を用いて表せ．

(2) 糸がたるむことなく小球が円運動できるようにするには，最下点における初速度 v_0 の大きさを，いくら以上にすればよいか．

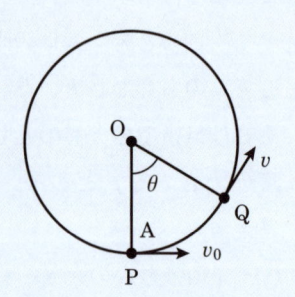

◆図 8-3-7　練習問題 8-4

解答

　鉛直面内を円運動する物体に関する問題では，円運動の運動方程式と力学的エネルギー保存則の 2 本立てで解いていきます．

(1)
　ア：点 P と点 Q における力学的エネルギー保存則より，

$\dfrac{1}{2}mv_0{}^2 = \dfrac{1}{2}mv^2 + mg(l - l\cos\theta)$

$\therefore v = \sqrt{v_0{}^2 - 2gl(1 - \cos\theta)}$

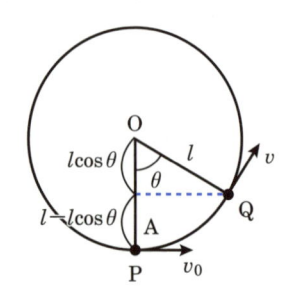

◆図 8-3-8
円運動における力学的エネルギー保存則

図 8-3-9 より,

イ：張力を T として点 Q における A の運動方程式を立てると,

$$m\frac{v^2}{l} = T - mg\cos\theta$$

したがって, アの答を代入して,

$$T = m\frac{v^2}{l} + mg\cos\theta = \frac{m}{l}\{v_0^2 - 2gl(1-\cos\theta)\} + mg\cos\theta$$

$$= m\frac{v_0^2}{l} + mg(3\cos\theta - 2)$$

(2) 糸がたるむことなく円運動するためには, 糸の張力 T が常に $T \geqq 0$ の状態でなければなりません. したがって, 張力 T の最小値 T_{min} が $T_{min} \geqq 0$ となればよいといえます. ここで, (1)イの結果より, 張力の最小値は, $\cos\theta = -1$ より $\theta = 180°$ のときなので,

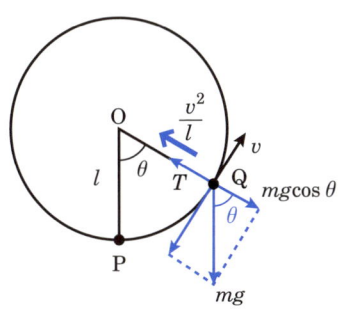

◆図 8-3-9
円運動する物体に運動方程式を立てる

$\theta = 180°$ のとき：$T_{min} = m\dfrac{v_0^2}{l} + mg(3\cos180° - 2) = m\dfrac{v_0^2}{l} - 5mg$

$T_{min} \geqq 0$ より, $T_{min} = m\dfrac{v_0^2}{l} - 5mg \geqq 0$

$v_0^2 - 5gl \geqq 0 \quad \therefore v_0 \geqq \sqrt{5gl}$

第9章

万有引力

> **ポイント**
>
> 私たちが暮らしている地球は，太陽の周りを回りつつ万有引力を受けています．本章では，惑星や人工衛星の運動など，地球上から離れて宇宙で起こる現象などを考えていきましょう．そのためには，ケプラーの法則やニュートンの万有引力の法則を知っていなければなりません．しっかりと理解しておきましょう．

第9章 万有引力

9.1 ケプラーの法則

私たちが住む地球も含めて，太陽の周りを回る惑星には，ケプラー(kepler)の三つの法則(ケプラーの法則)が成り立っています．その内容は次のとおりです．

> **ケプラーの法則**
> 第1法則：惑星は太陽を一つの焦点とする，だ円上を運動する．
> 第2法則：惑星と太陽とを結ぶ線分が一定時間に通過する面積は一定である（面積速度一定の法則）．
> 第3法則：惑星の公転周期 T の2乗は，軌道だ円の半長軸 a の3乗に比例する．T と a の間には，$T^2 = ka^3$（k は比例定数）が成り立つ．

それでは，ケプラーの三つの法則について，それぞれくわしく説明していきましょう．

9.1.1 ● 第1法則

一つのだ円から求まる二つの焦点を F, F′，だ円軌道上を運動する物体を P とすると，焦点は常に PF + PF′ = 一定 という関係が成り立つ位置にあります．

9.1.2 ● 第2法則

惑星と太陽とを結ぶ線分が通過する面積というのは，図 9-1-1 に示す赤く

ぬった部分で，その面積が一定時間において軌道上のどの場所においても等しいというのがこの法則であり，面積速度一定の法則ともいいます．

これが成り立つことから，だ円軌道上において，惑星が太陽に近いところを通るときの速さは大きく，離れたところを通るときの速さは小さい，ということがわかります．このように，だ円軌道上を移動する惑星の速さは常に変化しています．

◆図9-1-1 だ円軌道とケプラーの第2法則

この動く線分を動径といいますが，動径が単位時間あたりに通過する（掃く）面積を面積速度といい，その大きさは図9-1-2の斜線部分で示されます．これより，面積速度 A は，

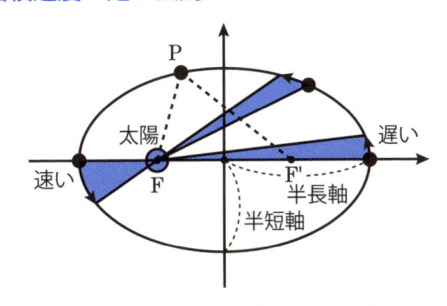

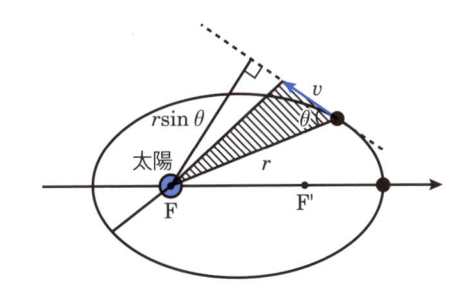

$$A = \frac{1}{2} r \sin\theta \cdot v = \frac{1}{2} rv \sin\theta$$

となります．

◆図9-1-2 面積速度

なお，面積速度一定の法則についてよく使われるのが，惑星が太陽に一番近づいた点（近日点）と，一番離れた点（遠日点）における面積速度が等しいという関係で，この場合，

$$\frac{1}{2} r_1 v_1 = \frac{1}{2} r_2 v_2$$

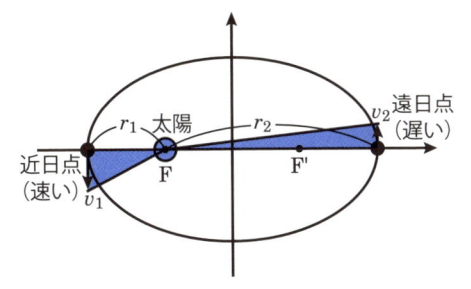

◆図9-1-3
近日点と遠日点における面積速度一定の法則

が成り立ちます．もちろん，近日点や遠日点以外における面積速度も等しくなっています．

9.1.3 • 第3法則

　惑星の軌道は，だ円軌道とはいってもほとんど円軌道に近いものです．つまり，太陽を中心とする等速円運動を行っているということになります．これらの惑星には，ケプラーの第2法則の他に第3法則である $T^2 = ka^3$ が成り立ちますが，ここで $k = \dfrac{T^2}{a^3}$ という値は，どの惑星においても等しく成り立っています．

惑星	半長軸($\times 10^8$km)	半長軸／半短軸	平均周期(年)
水星	0.5791	1.022	0.2409
金星	1.0820	1.000	0.6152
地球	1.4960	1.000	1.000
火星	2.2795	1.004	1.8809

練習問題 9-1

　木星の公転周期は地球の公転周期の約5倍である．木星の公転周期は地球の公転周期の約何倍か．$\sqrt{5} = 2.24$ として計算しなさい．

解答

　だ円の長半径 R と周期 T の関係は，ケプラーの第3法則より，$T^2 = kR^3$ なので，

　　地球について：$T^2 = kR^3$

　　木星について：$T_1^2 = k(5R)^3$

これら2式より，

$$\dfrac{T^2}{T_1^2} = \dfrac{kR^3}{k(5R)^3} = \dfrac{1}{125}$$

したがって，$T_1^2 = 125T^2$ より，

$$T_1 = \sqrt{125T^2} = 5\sqrt{5}\,T = 11.2T \fallingdotseq 11T \quad \therefore 約11倍$$

TOPICS

角運動量保存の法則

質点が中心向きの力（中心力）を受けているとき，中心の回りの質点における角運動量は一定に保たれます．角運動量（L）とは，運動量 mV と運動量 mV に下ろした垂線の長さ a おいて，

$$L = mV \cdot a = mVa$$

で求められる量で回転運動のいきおいを意味します．

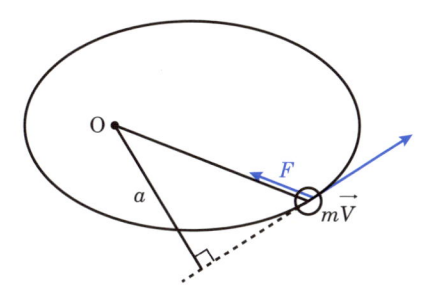

◆図 9-1-4　角運動量

上記のように，中心向きに力が働いているときに成り立つ法則を角運動量保存の法則といいます．惑星が太陽の周りをまわるとき，面積速度一定の法則として成り立ちますが，同時に角速度一定の法則が成り立っています．

惑星を含めた太陽系を一つの系とみるならば，中心向きの力は系内の力とみなすことができます．系外からの力のモーメントは受けないので，角運動量は一定に保たれます．

なお，中心からの距離による回転スピードの違いを理解するには，フィギュアスケート選手の回転（スピン）を思い浮かべてみるとよいでしょう．

脚や腕を広げている状態のスピンでは回転半径が大きく回転スピードは小さいですが，腕を身体のほうに寄せてスピンするときの回転半径は小さくなり回転スピードが速くなります．実は，スピンの動きにも角運動量保存の法則が関係しているのです．

第9章 万有引力

　いま，惑星 P が軌道に沿って運動しているとします．惑星 P は軌道の接線方向に運動量 $\vec{p}(=m\vec{v})$ のベクトル量をもっています．惑星は太陽 O から万有引力を常に受けながら運動しているので，運動量 $\vec{p}$ は万有引力によって力積を受けることになり運動量は変化します．これを非常に短い時間 Δt ごとに不連続に力が働くと考えると，惑星の運動量はだけ変化して，

$$\vec{p'} = \vec{p} + \vec{\Delta p}$$

と求まります．
　ここで，QQ′ と PO は平行であることから，

　　$\triangle \mathrm{OPQ} = \triangle \mathrm{OPQ'}$

となります．点 O から，$\vec{p'}$ と $\vec{p}$ に垂線 OR，OR′ を引き，その長さをそれぞれ a，a' とすると，

　　$\triangle \mathrm{OPQ} = \dfrac{1}{2}ap$，　$\triangle \mathrm{OPQ'} = \dfrac{1}{2}a'p'$

より，$ap = a'p'$ となります．
　したがって，ap，$a'p'$ は点 O のまわりの角運動量であり，惑星の運動での運動では，このように保存されます．

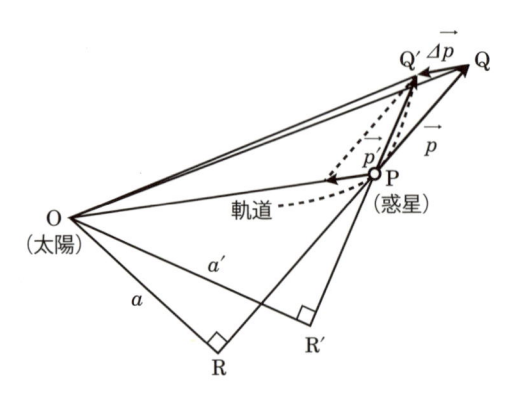

◆図 9-1-5　だ円軌道上における物体の運動

9.2 ニュートンの万有引力の法則

9.2.1 ● 万有引力とは

　手にした物体を上に持ち上げて放すと下へと落下するのは，物体が地球から重力を受けているからです．物体が地球から力を受けているということは，物体と地球が目には見えない一本のロープやばねのようなものでつながれていて，地球が物体を引っ張っていると考えることができます．同時に引っ張っている地球のほうも物体から同じ大きさの力を受けていることになり，作用・反作用の法則が成り立っています．このとき，地球の質量は非常に大きいためにかんたんには動きません．

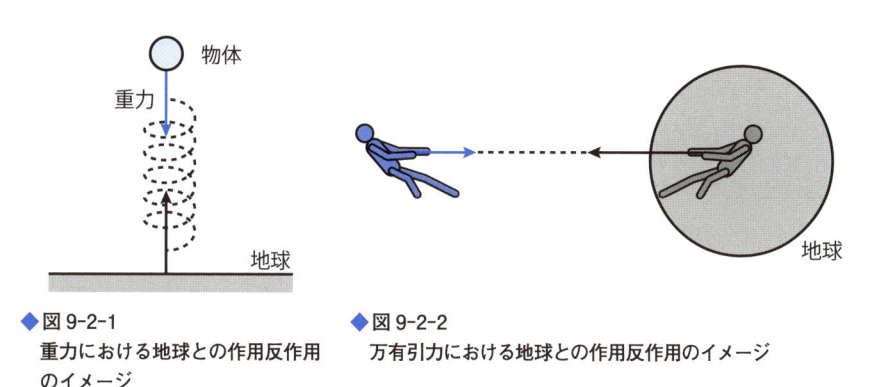

◆図9-2-1
重力における地球との作用反作用のイメージ

◆図9-2-2
万有引力における地球との作用反作用のイメージ

　地球と物体の間だけではなく，この世に存在するすべての物体間において，互いに働く引力を**万有引力**といいます．万有引力においては，次の**ニュートンの万有引力の法則**が成り立っています．

第9章 万有引力

> **ニュートンの万有引力の法則**
>
> 距離 r [m] 離れた質量 M [kg] と m [kg] の物体間に働く万有引力 F [N] は，G を定数として，次の関係が成り立つ．
>
> $$F = G\frac{Mm}{r^2}$$ 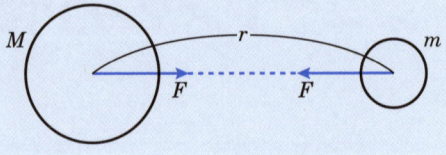
>
> ◆図 9-2-3 ニュートンの万有引力の法則
>
> ＊万有引力定数 $G = 6.67 \times 10^{-11}$ [N・m^2/kg^2]

9.2.2 ● 万有引力の法則を導く

それでは，万有引力の法則はどのように導かれるか，検証してみましょう．

太陽の質量を M，惑星の質量を m，太陽と惑星の中心間の距離を r とすると，太陽と惑星の間に働く力は M，m，r とどのような関係があるでしょうか．まず，ケプラーの第 3 法則 $T^2 = kr^3$ を用いて導きます．

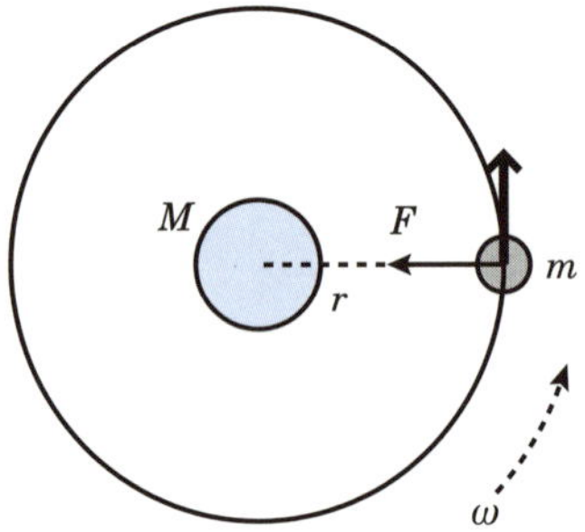

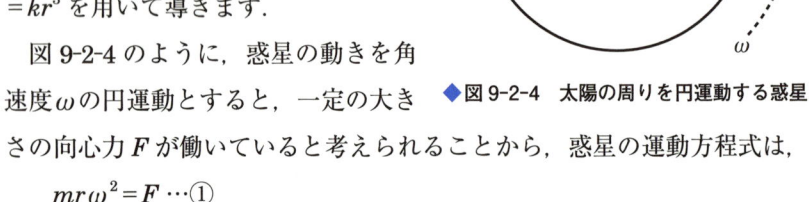

図 9-2-4 のように，惑星の動きを角速度 ω の円運動とすると，一定の大きさの向心力 F が働いていると考えられることから，惑星の運動方程式は，

◆図 9-2-4 太陽の周りを円運動する惑星

$$mr\omega^2 = F \quad \cdots ①$$

ここで，惑星の円運動の周期を T とすると，

$$\omega = \frac{2\pi}{T}$$

これを①に代入すると，

$$mr\left(\frac{2\pi}{T}\right)^2 = F \text{ より，} mr\frac{4\pi^2}{T^2} = F$$

したがって，

$$T^2 = mr\frac{4\pi^2}{F}$$

ここで，ケプラーの第3法則 $T^2 = kr^3$ より，

$$mr\frac{4\pi^2}{F} = kr^3$$

したがって，

$$F = \frac{4\pi^2}{k} \cdot \frac{m}{r^2}$$

$\frac{4\pi^2}{k} = c$ とすると，

$$F = c\frac{m}{r^2} \cdots ②$$

という式が求められます．

　これより，質量 m をもつ物体に働く力 F は質量 m に比例し，距離 r の2乗に反比例します．また，作用・反作用の法則が成り立つことから，太陽が惑星を引けば，その反作用として太陽は惑星から引かれ，質量 M をもつ太陽にも同様な引力が，同じ大きさ F で働くと考えることができます．よって，この力 F は，太陽の質量 M にも比例すると考えることができるため，②における定数 c は，定数 G を用いて，

$$c = GM$$

とおくことができます．これを②に代入すると，

$$F = G\frac{Mm}{r^2}$$

というニュートンの万有引力の法則が成り立つことがわかります．

第9章 万有引力

> **練習問題 9-2**
>
> (1) 地球を中心とする半径 4.2×10^7 [m] の円周上を,地球の自転と等しい周期 8.6×10^4 [s] で自転の向きに赤道上を回る人工衛星を静止衛星という.地球の自転の角速度は何 rad/s か.また,この人工衛星の速さは何 km/s か.
>
> (2) 地球(半径 6.4×10^6 [m])の表面すれすれの円軌道を回る人工衛星の速度を第一宇宙速度という.この大きさは何 km/s か.地上での重力加速度の大きさを 9.8 [m/s^2] として求めなさい.

解 答

(1) 地球の自転の周期は $T=8.6\times 10^4$ [s] より,地球の自転の角速度 ω は,

$$\omega = \frac{2\pi}{T} = \frac{2\times 3.14}{8.6\times 10^4} \fallingdotseq 7.3\times 10^{-5} \text{[rad/s]}$$

また,人工衛星が地球を一周する時間も,$T=8.6\times 10^4$ [s] より,人工衛星の速さ v は,

$$v = \frac{2\pi r}{T} = \frac{2\times 3.14 \times 4.2 \times 10^7}{8.6\times 10^4} \fallingdotseq 3.1\times 10^3 \text{[m/s]} = 3.1 \text{[km/s]}$$

(2) 地表すれすれの円軌道を回る人工衛星の向心力は重力なので,人工衛星における運動方程式より,

$$m\frac{v^2}{R} = mg \quad \therefore v = \sqrt{gR}$$

したがって,

$$v = \sqrt{gR} = \sqrt{9.8\times 6.4\times 10^6} = \sqrt{98\times 64\times 10^4} = \sqrt{2\times 49\times 64\times 10^4}$$
$$= \sqrt{2}\times 7\times 8\times 10^2 = 1.41\times 56\times 10^2 \fallingdotseq 7.9\times 10^3 \text{[m/s]} = 7.9 \text{[km/s]}$$

9.3 万有引力による位置エネルギー

質量 m の物体に一定の大きさの重力 mg が働く地上では，地面の高さを基準面とすると，高さ h における重力による位置エネルギーは，$U = mgh$ で表されました（6.5 参照）．そして，この mgh という値は，地面から mg の力で高さ h まで物体をゆっくりと持ち上げていったときの仕事である，

$$W = mg \times h$$

と等しいということでした．

重力による位置エネルギー：$U = mgh$

高さ h まで持ち上げる仕事は mgh

無限遠まで持ち上げる仕事は？

$$F(r) = G\frac{Mm}{r^2}$$

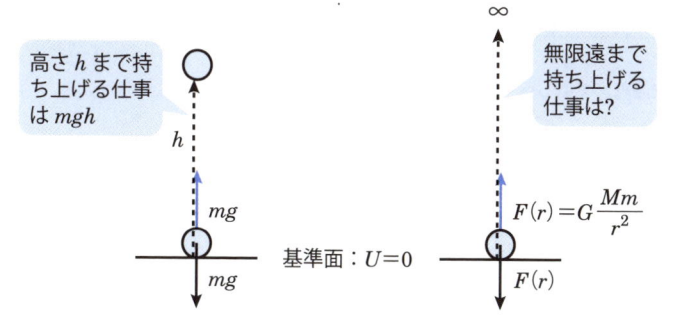

基準面：$U = 0$

◆図 9-3-1　位置エネルギーを求めるための仕事

それでは，万有引力が働くときの位置エネルギーも，これと同じ方法で求められるのでしょうか．

万有引力の場合，一定重力が働くような地面に近い範囲で考えるというよりも，宇宙規模の広い範囲で考えるので，物体を持ち上げる場合の距離は，はるかに長いということになります．この場合，地球の中心から r の位置における万有引力 $F(r) = G\dfrac{Mm}{r^2}$ に対する力で仕事をするのですが，万有引力 $F(r)$

第9章 万有引力

は地球から離れていくに従い次第に小さくなっていく力なので，単純に一定の大きさの力 mg と距離の積を求めるだけでは位置エネルギーを導くことはできません．

そこで，万有引力による位置エネルギーをどのように求めるのかというと，質量 m の物体を地球の中心から距離 r だけ離れた場所から無限遠まで引っ張り運んでいくときの仕事を考えますが，このときには積分を用いて求めます．

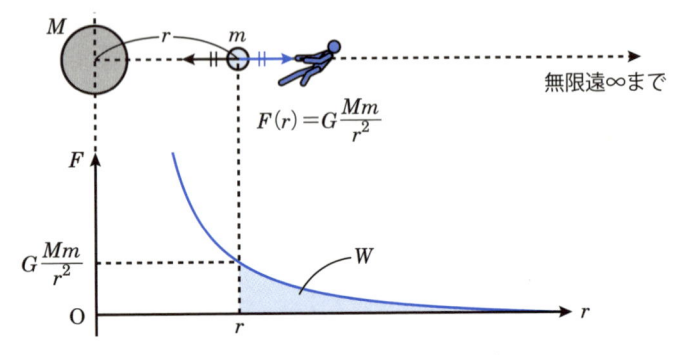

◆図 9-3-2　物体を無限円まで引っ張るときにする仕事

地球の中心から距離 r の点において，質量 m の物体に働く万有引力は $F(r) = G\dfrac{Mm}{r^2}$ なので，力が常に変化する状況において，物体に $F(r)$ と等しい大きさの力を加えて動かすときの仕事(量)を積分で計算すると，

$$W = \int_r^\infty F(r)dr = \int_r^\infty G\frac{Mm}{r^2}dr = GMm\int_r^\infty r^{-2}dr = GMm[-r^{-1}]_r^\infty = G\frac{Mm}{r}$$

となります．この式により求められた仕事 W は，図 9-3-2 において曲線と r 軸で囲まれた面積を示しますが，地球の中心から距離 r だけ離れた点を基準として，物体が無限遠において保持する万有引力によるエネルギーと考えることができます．そうすると，物体のもつ位置エネルギーは，r の点において $U=0$，無限遠の点において $U_\infty = G\dfrac{Mm}{r}$ となります．

ここで，このエネルギーの基準点を変えて考えてみましょう．

9-3 ■ 万有引力による位置エネルギー

　いま，基準点は地球の中心から r だけ離れた位置にとっていますが，この基準点を無限遠（$r=\infty$）にとってみます．つまり，無限遠における位置エネルギーを $U_\infty=0$ とすると，r の点では，無限遠よりも $G\dfrac{Mm}{r}$ だけ小さい位置エネルギーとなるので，地球の中心から r だけ離れた万有引力における位置エネルギーは，$U=-G\dfrac{Mm}{r}$ となります．

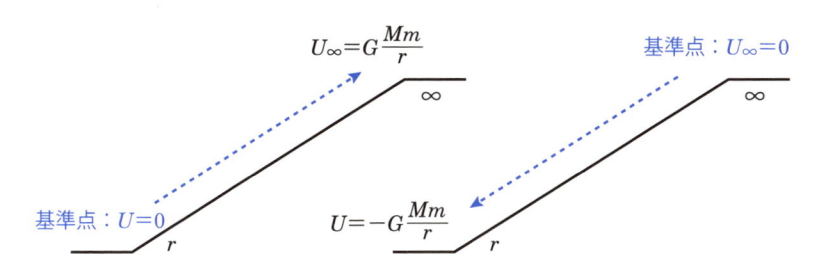

◆図9-3-3　万有引力における位置エネルギーの基準点のとり方

　このように，エネルギーはマイナスになりますが，これは基準点のとり方によって変わってきます．たとえば，地球から一番遠い点をエネルギー0とすれば，それより近い点ではマイナスになるのは当然のことで，自分の頭のてっぺんよりずっと高いところを基準点（0）とすれば，いま立っている高さはそれより低いことからマイナスになります．また，位置エネルギーの基準を無限遠にとることによって，地球の中心からの距離 r の位置における位置エネルギーを $U=-G\dfrac{Mm}{r}$ という式で決定することができます．

> **万有引力による位置エネルギー**
>
> 　無限遠を基準（$U_\infty=0$）にとったとき地球（質量 M）の中心から r だけ離れている点にある質量 m の物体がもつ，万有引力による位置エネルギー U〔J〕は，次の式により求めることができる．
>
> $$U=-G\dfrac{Mm}{r}$$

第9章 万有引力

9.4 万有引力と力学的エネルギー

　地球からロケットを宇宙へ飛ばすとき，ロケットが運動中に受ける力は地球との万有引力だけで，その他の力は受けない場合，力学的エネルギー保存の法則が成り立ちます．万有引力は保存力なので，物体に働いて負の仕事をし，運動エネルギーは減少していきますが，その仕事の大きさの分だけ，自身の位置エネルギーが増えることになります．

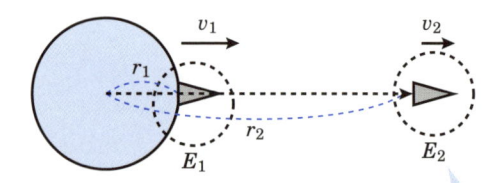

力学的エネルギー保存の法則
$E_1 = E_2$ が成り立つ

◆図9-4-1　ロケットの力学的エネルギー

　打ち上げた質量 m のロケットが，地球の中心から r だけ離れたときの速度を v としたときにもつ，力学的エネルギーは，

$$E = \frac{1}{2}mv^2 + \left(-G\frac{Mm}{r}\right)$$

と表されます．したがって，図9-4-1より，ロケットが地球の中心から距離 r_1 にあるときと，距離 r_2 にあるときについて力学的エネルギー保存の法則の式を立てると $E =$ 一定より，次のようになります．

$$\underbrace{\frac{1}{2}mv_1^2 + \left(-G\frac{Mm}{r_1}\right)}_{E_1} = \underbrace{\frac{1}{2}mv_2^2 + \left(-G\frac{Mm}{r_2}\right)}_{E_2}$$

練習問題 9-2

地上から打ち上げた人工衛星が，無限の遠方へ行ってしまう最小の初速度を第二宇宙速度（または脱出速度）という．この初速度の大きさは何 km/s か．地球の半径を 6.4×10^6 [m]，地上での重力加速度の大きさを 9.8 [m/s^2] として，計算しなさい．

解 答

人工衛星打上げのときの初速度を v_0 とおくと，無限遠に行ったとき ($r = \infty$)，ちょうど速度が $v = 0$ になれば v_0 は最小となるので，力学的エネルギー保存の法則より，

$$\frac{1}{2}mv_0^2 + \left(-G\frac{Mm}{R}\right) = \frac{1}{2}m \cdot 0^2 + \left(-G\frac{Mm}{\infty}\right) = 0$$

（地表における力学的エネルギー＝無限遠における力学的エネルギー）

$$v_0 = \sqrt{\frac{2GM}{R}}$$

ここで，地表においては"万有引力＝重力"が成り立つので，

$$G\frac{Mm}{R^2} = mg \text{ より，} \quad GM = gR^2$$

したがって，

$$\begin{aligned}
v_0 &= \sqrt{\frac{2GM}{R}} = \sqrt{\frac{2gR^2}{R}} = \sqrt{2gR} \\
&= \sqrt{2 \times 9.8 \times 6.4 \times 10^6} = \sqrt{19.6 \times 6.4 \times 10^6} \\
&= \sqrt{196 \times 64 \times 10^4} = 14 \times 8 \times 10^2 = 112 \times 10^2 \\
&= 11.2 \times 10^3 \fallingdotseq 11 \text{ [km/s]}
\end{aligned}$$

第9章 万有引力

> **練習問題 9-3**
>
> 質量 m の人工衛星が，図 9-4-2 のように，地球の中心から $3R$ と $6R$ の距離にある点 A，B を通るだ円軌道上を回っている．ここで，地球の半径を R，地表面における重力加速度の大きさを g とする．点 A，B を通る速さをそれぞれ v_A，v_B とするとき，面積速度一定の法則，力学的エネルギー保存の法則の式を立て，v_A を求めよ．

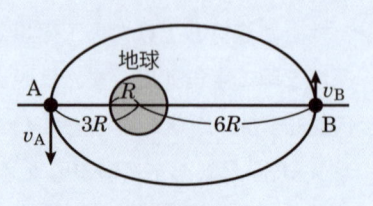

◆図 9-4-2 練習問題 9-3

> **解答**
>
> 面積速度一定の法則より，
> $$\frac{1}{2} \cdot 3R \cdot v_A = \frac{1}{2} \cdot 6R \cdot v_B \quad \cdots ①$$
> また，地球の質量を M，万有引力定数を G として，人工衛星における力学的エネルギー保存の法則より，
> $$\frac{1}{2}mv_A^2 + \left(-G\frac{Mm}{3R}\right) = \frac{1}{2}mv_B^2 + \left(-G\frac{Mm}{6R}\right) \quad \cdots ②$$
>
> ①より，$v_B = \dfrac{v_A}{2}$
>
> ②より，$\dfrac{1}{2}mv_A^2 - \dfrac{1}{2}mv_B^2 = \dfrac{GMm}{6R}$
>
> $\dfrac{1}{2}mv_A^2 - \dfrac{1}{2}m\left(\dfrac{v_A}{2}\right)^2 = \dfrac{GMm}{6R}$ より，
>
> $v_A^2 = \dfrac{4GM}{9R}$
>
> ここで，地表において，
> $$G\frac{Mm}{R^2} = mg \text{ より，} GM = gR^2 \text{ が成り立つので，}$$
> $$v_A^2 = \frac{4GM}{9R} = \frac{4gR^2}{9R} = \frac{4}{9}gR$$
> $$\therefore v_A = \frac{2}{3}\sqrt{gR}$$

第10章

単振動

ポイント

　単振動は，時間によって速度も加速度も変化する運動なので，力学の応用ともいえる分野です．具体的には，ばねの先に付けたおもりの運動や釣りで使う浮きの振動などが単振動ですが，複雑そうなこれらの運動も，等速円運動が基になっていることに気が付けば，それほど難しくはありません．「考え方のコツをつかめば，意外とかんたん」という印象をもって学習してください．

　本章では，単振動の公式をはじめ，弾性力や運動方程式，そして，力学的エネルギー保存の法則など，力学で学習した法則が多く登場する総まとめ的な分野なので，これまで学習してきた内容をぜひともここでチェックしてください．

第10章 単振動

10.1 単振動の変位・速度・加速度

10.1.1 ● 単振動とは

　ばねの先におもりをつけて引っ張り，手を離すとおもりは振動します．この振動を**単振動**といいます．振り子の運動や釣りで使う浮きの振動も単振動です．

　単振動の動きは，等速円運動する物体の動きを真横から見たときの動きと同じです．たとえば，等速円運動する物体に真横から光をあて，壁に映った影（正射影）の運動を調べると単振動となっています．したがって，単振動する物体の運動を分析するためには，等速円運動について考えることがとても大切であることがわかります．

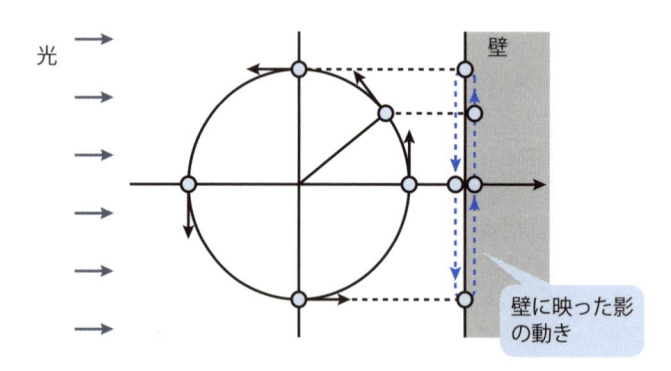

◆図 10-1-1　等速円運動する物体の正射影

　半径 A 〔m〕，角速度 ω 〔rad/s〕で等速円運動している物体の運動について，単振動の時刻 t 〔s〕における変位 x，速度 v，加速度 a を求めてみましょう．

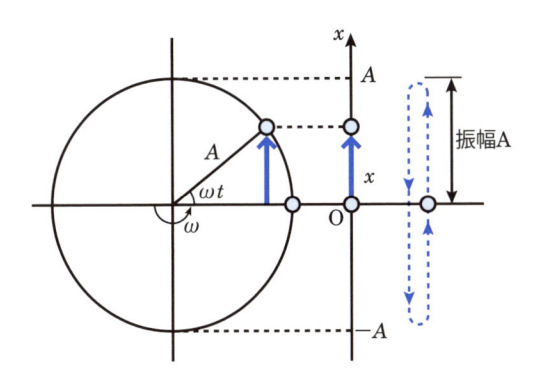

◆図 10-1-2　単振動の変位

時刻 $t=0$ のとき変位 $x=0$ をスタートして単振動する物体の変位 x は，図 10-1-2 の角度 ωt の直角三角形から，

$x = A\sin\omega t$

と求められます．これが，単振動の変位 x を表す式となります．

> **単振動の変位**
> $x = A\sin\omega t$

また，半径 A で等速円運動するということは，単振動では振動の中心から一番遠くに離れた位置までの距離が A であることを意味しています．この距離 A のことを振幅といいます．また，円運動では角速度として用いた ω ですが，単振動においては角振動数と呼びます．

10.1.2 ● 単振動の速度

横から光で照らされた等速円運動をする物体は，単振動の中心（$\omega t = 0$ の点など）の位置では，円運動の速度がそのまま単振動の速度となります．しかし，単振動の中心や両端以外の位置 $\left(wt = \dfrac{\pi}{6} や \dfrac{\pi}{4} など\right)$ では，円運動

する物体の進行方向に対して，光で照らす方向が斜めになるので，速度を分解したx成分が単振動の速度となります．したがって，単振動の速度は，中心を通る速さよりも少し遅いものです．また，$wt = \frac{\pi}{2}$のときは，円運動の速度のx成分が0となるので，単振動の速度は0となります．つまり，ここは単振動の端の点であり，この瞬間において物体は静止するということを示しています．

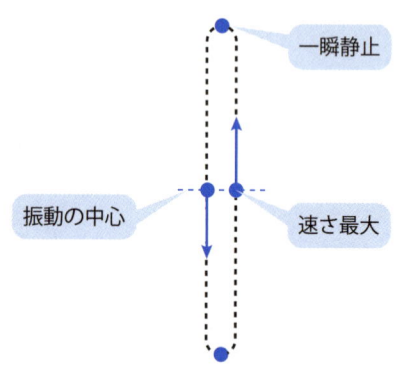

◆図 10-1-3　単振動の位置と速度の関係

　以上から，単振動の速度は，中心からx軸の正の方向に物体がある速さで単振動をスタートとしたすると，中心の位置での速さが一番速くなります．その後，徐々に遅くなっていき，中心から一番遠くの点で速度が0になり，一瞬静止します．そして，今度は速度が逆向きになり，物体が再び中心の位置に戻ってくる…といった具合で，単振動はこの運動を繰り返すものです．

10-1 ■ 単振動の変位・速度・加速度

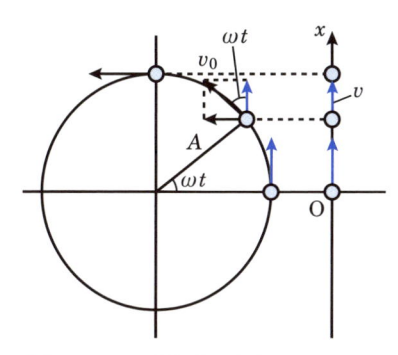

◆図 10-1-4　単振動の速度

　等速円運動する物体の速度は，円の接線方向なので，この速度を成分分解して単振動する x 方向の成分を求めれば，単振動の速度が求められます．

　ここで，等速円運動の速さを v_0 とすると，図 10-1-4 より，単振動する x 方向の速度成分 v は，

$$v = v_0 \cos \omega t$$

と求められます．ここで，速さ $v_0 = A\omega$ となるので，

$$v = A\omega \cos \omega t$$

となり，これが単振動における速度の式です．

> **単振動の速度**
> $$v = A\omega \cos \omega t$$

10.1.3 ● 単振動の加速度

　等速円運動する物体に生じる加速度は，円運動の中心向きです．この加速度ベクトルを，速度のときと同様に成分分解して，単振動する x 方向の成分を求めれば単振動の加速度を求めることができます．

265

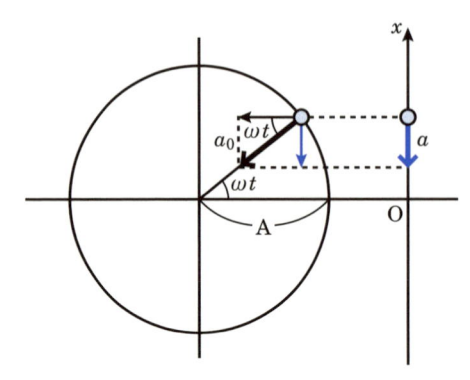

◆図 10-1-5　単振動の加速度

図 10-1-5 において，$0 < \omega t < \dfrac{\pi}{2}$ では，加速度の x 成分は負となるので，加速度はマイナスを付けた形の式となります．ここで，等速円運動の加速度の大きさを a_0 とすると，図 10-1-5 より，単振動する x 方向の加速度成分 a は，

$a = -a_0 \sin \omega t$

と求められます．ここで，加速度 $a_0 = A\omega^2$ となるので，

$a = -A\omega^2 \sin \omega t$

となり，これが単振動における加速度の式です．

> **単振動の加速度**
> $a = -A\omega^2 \sin \omega t$

ここで，$x = A\sin\omega t$ と $a = -A\omega^2 \sin\omega t$ に注目すると，a の式の中に，$A\sin\omega t$ という x の式が含まれているのがわかります．したがって，加速度 a は，次のように変位 x を使って表すことができます．

$a = -A\omega^2 \sin\omega t = -\omega^2 \cdot A\sin\omega t = -\omega^2 x$

10.1.4 ● 単振動の式のまとめ

以上，ここまで学習した単振動の式をまとめると，時刻 $t = 0$ において，中心 $\mathrm{O}(x=0)$ から正の向きに動き出し，振動する物体の状態を示す式は，

次のようになります．

> **単振動における変位・速度・加速度の式**
> ・変位：$x = A\sin\omega t$
> ・速度：$v = A\omega\cos\omega t$
> ・加速度：$a = -A\omega^2\sin\omega t$
> ・加速度を変位で表した式：$a = -\omega^2 x$

なお，単振動の公式では，変位の式 $x=A\sin\omega t$ さえ覚えておけば，あとは微分をすることによって，速度と加速度の式が求められます．

$$x = A\sin\omega t \Rightarrow v = \frac{dx}{dt} = A\omega\cos\omega t$$

$$v = A\omega\cos\omega t \Rightarrow a = \frac{dv}{dt} = \frac{d^2x}{dt^2} = -A\omega^2\sin\omega t$$

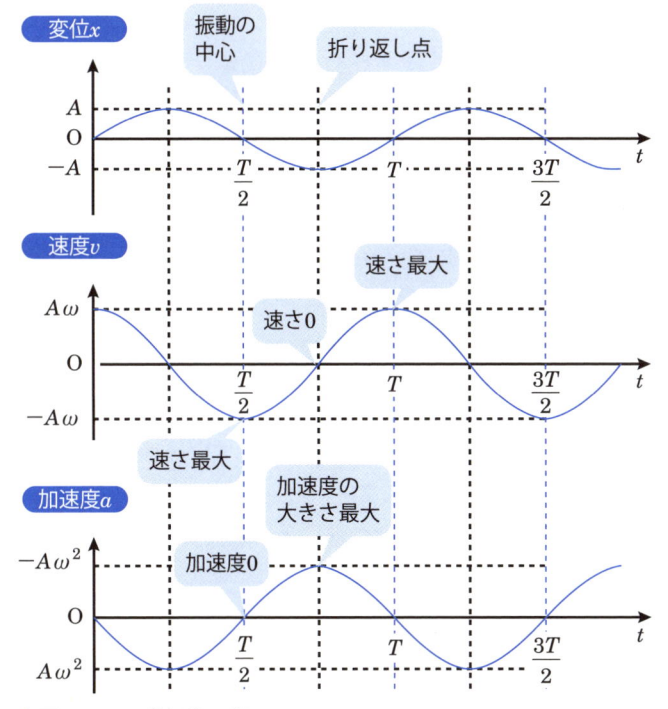

◆図 10-1-6　単振動のグラフ

また，時刻 $t=0$ のとき，中心 O ではなく途中の角 θ_0（初期位相）から振動がスタートしたとすると，変位・速度・加速度の式は次のように示されます．

変位 $x = A\sin(\omega t + \theta_0)$

速度 $v = A\omega\cos(\omega t + \theta_0)$

加速度 $a = -A\omega^2\sin(\omega t + \theta_0)$

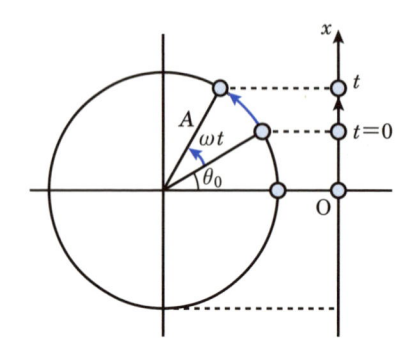

◆図 10-1-7　角 θ_0 から振動がスタートした場合

練習問題 10-1

質量 1.0〔kg〕の物体が，x 軸上を振幅 0.20〔m〕で 2.0 秒間に 1 回振動する割合で，原点を中心に単振動している．次の問いに答えよ．

(1) 角振動数 ω を求めよ．
(2) 次の各点における加速度は何 m/s^2 か．ただし，$\pi^2 = 3.14^2 \fallingdotseq 9.9$ とする．
　　ア：中心　　イ：$x = -0.20$〔m〕の点　　ウ：$x = 0.12$〔m〕の点
(3) (2)と同じ各点における速さは何 m/s か．
(4) この物体に働いている力 F〔N〕と座標 x〔m〕との関係式を求めよ．

解 答

(1) 2.0秒間に1回振動するので，周期 $T = 2.0$

$$\therefore \omega = \frac{2\pi}{T} = \frac{2 \times 3.14}{2.0} = 3.14 \fallingdotseq 3.1 \text{[rad/s]}$$

(2) 単振動の加速度の式は，$a = -A\omega^2 \sin\omega t = -\omega^2 x$

ア：$x = 0$ より，$a = 0$

イ：$x = -0.20$ より，$a = -(3.14)^2 \times (-0.20) \fallingdotseq 1.97 \fallingdotseq 2.0 \text{[m/s}^2\text{]}$

ウ：$x = -1.2$ より，$a = -(3.14)^2 \times (0.12) \fallingdotseq -1.18 \fallingdotseq -1.2 \text{[m/s}^2\text{]}$

(3) 単振動の速度の式 $v = A\omega\cos\omega t$ を用いて解きます．

ア：$\omega t = 0$ より，$v = A\omega\cos 0 = A\omega = 0.20 \times 3.14 = 0.628 \fallingdotseq 0.63 \text{[m/s]}$

イ：$x = A\sin\omega t = 0.20\sin\omega t$ より，$x = -0.20$ のとき，

$$-0.20 = 0.20\sin\omega t,\ \sin\omega t = -1 \text{ より } \omega t = \frac{3}{2}\pi$$

$$\therefore v = A\omega\cos\frac{3}{2}\pi = 0$$

ウ：$x = A\sin\omega t = 0.20\sin\omega t$ より，

$x = 0.12$ のとき，

$$0.12 = 0.20\sin\omega t \quad \therefore \sin\omega t = \frac{0.12}{0.20} = \frac{3}{5}$$

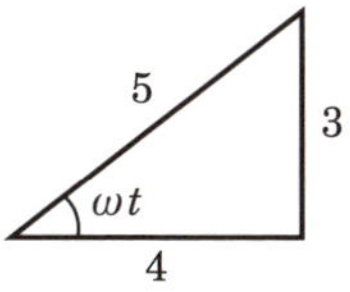

◆図10-1-8　直角三角形

したがって，$|\cos\omega t| = \frac{4}{5}$ より，

$$|v| = A\omega|\cos\omega t| = A\omega \times \frac{4}{5} = 0.20 \times 3.14 \times \frac{4}{5} = 0.5024 \fallingdotseq 0.50 \text{[m/s]}$$

(4) $a = -\omega^2 x$，また，運動方程式 $ma = F$ から，

$F = ma = -m\omega^2 x = -0.10 \times (3.14)^2 \times x \fallingdotseq -0.99x$

$\therefore F = -0.99x$

10.2 復元力

10.2.1 ● 復元力を求める

　物体が単振動するには，どのような力が必要なのかということを考えてみましょう．いま，一直線上を単振動している質量 m の物体があるとします．この物体が振動の中心から x 離れた点にいる場合を考えてみましょう．

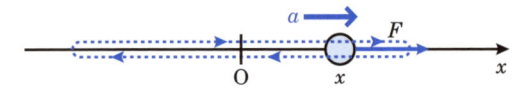

◆図 10-2-1　x 軸上を単振動する物体

　このとき物体の運動方程式は，物体に働く力を F，物体の質量を m，加速度を a とすると，

　　$ma = F$ 　…①

となります．ここで，物体は単振動しているのですから，加速度について，

　　$a = -\omega^2 x$

が成り立ちます．これを①の運動方程式に代入すると，

　　$-m\omega^2 x = F$

となります．この式をひっくり返すと，

　　$F = -m\omega^2 x$

となります．ここで，$m\omega^2$ は定数なので，これを K とすると，$m\omega^2 = K$ より，

　　$F = -Kx$

という式が求められます．

　これは，単振動している物体に働く力は，一般に"負の定数$(-K)$×変位 x"で表されるということを示しています．この式により求められる，単振動に

必要な力のことを**復元力**といいます．

> **単振動の復元力**
>
> $F = -Kx$

10.2.2 ● 復元力の応用知識

　復元力は，変位 x にマイナスの係数がかけられているというのがポイントで，"−"があるために，$+x$ の位置にいるとき，力は $-Kx$ となって負方向に働き，$-x$ の位置にいるとき，$+Kx$ となって正方向に働くということがわかります．

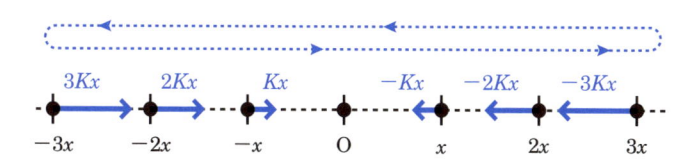

$3Kx$	$2Kx$	Kx		$-Kx$	$-2Kx$	$-3Kx$
$-3x$	$-2x$	$-x$	O	x	$2x$	$3x$

◆図 10-2-2　単振動の復元力

　これは，物体がどの位置にいようとも，力は中心向きに働くということを示しています．また，物体は，遠くに行けば行くほど大きな力が中心向きに働いて，振動の中心 O をいくら大きなスピードで通過してもやがてまた中心 O に戻ってくることになります．このように，中心向きの力が働くことによって，物体は延々と遠くまで進み続けるのではなく，遠く離れても，いつか必ず中心に戻ってくるという運動を繰り返し行います．これが単振動のしくみです．

　また，$F = -Kx$ という式の形から，ばね定数 K のばねの弾性力が思い出されます．ばねの一端におもりをつないで振動させると，位置 x において，おもりに $-Kx$ という形の力が働き単振動するということが，この式からわかります．

第10章 単振動

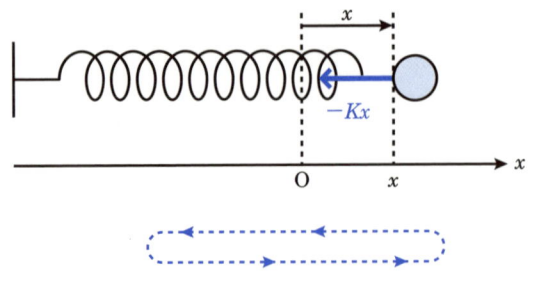

◆図 10-2-3　ばねの弾性力による復元力

　10.2.1では $m\omega^2$ を定数 K としましたが，単振動では，質量 m と角振動数 ω からなる式 $m\omega^2$ が，ばね定数である K の役割を果たしています．ばね定数というのは，ばねの硬さを表す定数であり，ばねの硬さによって物体に働く力も振動の様子も変わってきます．つまり，質量 m の物体が，角振動数 ω で単振動をしている動きを，ばねにおもりをつないだ状態で再現するには，ばね定数 $K=m\omega^2$ のばねにつないで振動させればよい，ということです．

> **ばね定数と角振動数の関係**
> 　$K=m\omega^2$

10.3 単振動の周期

10.3.1 ● 周期の公式

単振動する物体が1回の振動において要する往復時間を周期といいます．この単振動における周期 T の式を求めてみましょう．

10.2.2 で，$F = -m\omega^2 x$ と $F = -Kx$ より，$K = m\omega^2$ としましたが，これより，次のようになります．

$$\omega = \sqrt{\frac{K}{m}}$$

◆図 10-3-1　単振動の周期

ここで，$\omega = \dfrac{2\pi}{T}$ を代入すると，

$$\frac{2\pi}{T} = \sqrt{\frac{K}{m}}$$

となります．したがって，周期 T はこの式を変形し，

$$T = 2\pi\sqrt{\frac{m}{K}}$$

と求めることができます．

> **単振動の周期の公式**
> $$T = 2\pi\sqrt{\frac{m}{K}}$$

次に，かんたんなばね振り子を例にとって，単振動の周期について考えてみましょう．

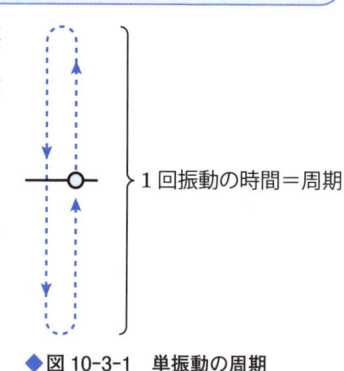

10.3.2 ● 水平ばね振り子

ばね定数 k のばねをなめらかな水平面上に置き，ばねの一端を壁に取り付けて，他に質量 m のおもりをつけます．そして，おもりを引っ張って放し，単振動させます．このときの単振動について考えます．

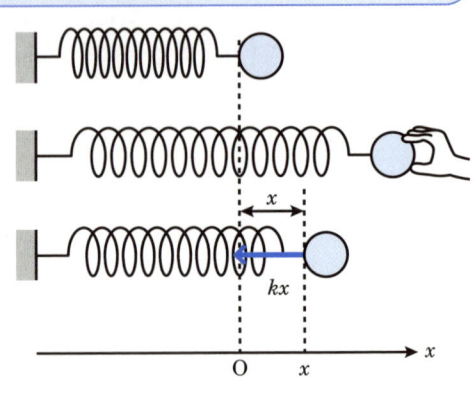

はじめのおもりの位置を原点 O として，そこから x 離れた位置までばねが伸びているとき，おもりに働く水平方向の力 F は，左向きの弾性力 $-kx$ より，

◆図 10-3-2　水平ばね振り子

$$F = -kx$$

となります．ここで，物体に働く力は復元力となるので，周期の公式において $K = k$ とすると，周期 T は，

$$T = 2\pi\sqrt{\frac{m}{k}}$$

となります．この式により，水平ばね振り子における周期が求められます．

練習問題 10-2

図 10-3-3 のように，なめらかな水平面上において，自然長 l [m]，ばね定数 k [N/m] の二つの同じばねの両端を壁に固定し，これらのばねが自然長になるよう，二つの間に質量 m [kg] のおもりを取り付けた．おもりを時刻 $t=0$ ではじめの位置である点 O から，水平右向きに A [m] だけ移動させて放すと，おもりは水平面上で単振動を始めた．水平右向きを正の向きにとり，次の問いに答えよ．

◆図 10-3-3　練習問題 10-2

(1) 時刻 t におけるおもりの変位を x とすると，ばねの弾性力はいくらか．
(2) 加速度を a [m/s^2] として，運動方程式を求めよ．
(3) 単振動の周期を求めよ．
(4) ある時刻 t における変位 x を t の関数として表せ．

解答

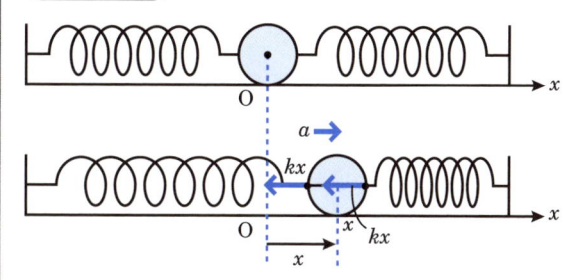

◆図 10-3-4　おもりに働く力

(1) 変位 x のとき，物体に働く弾性力は両側のばねから左向きにそれぞれ kx の大きさの力を受けることから，次のようになります．
$$F = -2kx$$

(2) 水平右向きを正として，おもりにおける水平方向の運動方程式をたてると，
$$ma = -2kx$$

(3) 単振動において成り立つ式 $a = -\omega^2 x$ および(2)の結果より，
$$a = -\frac{2k}{m}x = -\omega^2 x$$
$$\therefore \omega^2 = \frac{2k}{m} \quad \therefore \omega = \sqrt{\frac{2k}{m}}$$
ここで，$\omega = \dfrac{2\pi}{T}$ より，

$$\frac{2\pi}{T} = \sqrt{\frac{2k}{m}}$$

$$\therefore T = 2\pi\sqrt{\frac{m}{2k}}$$

(4) おもりを放した位置 $x=A$ より，時刻 t における変位 x のグラフは図 10-3-5 のようになります。

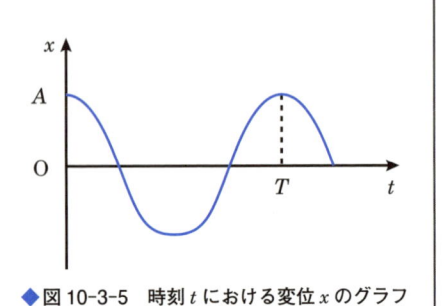

これより，時刻 t における変位 x の式は，

$$x = A\cos\omega t = A\cos\sqrt{\frac{2k}{m}}\,t$$

◆図 10-3-5　時刻 t における変位 x のグラフ

10.3.3 ● 鉛直ばね振り子

今度は，ばね定数 k のばねを天井からつり下げ，一端に質量 m のおもりをした場合を例にとって考えます。このとき，ばねは自然長から l だけ伸びて，おもりは静止しているとします。

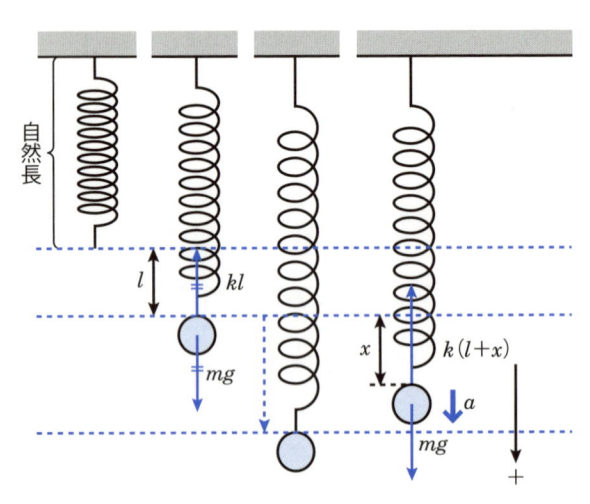

◆図 10-3-6　鉛直ばね振り子

10-3 単振動の周期

　この状態から，さらにおもりを下向きに引っ張って手を離し，つり合いの位置から x だけ下がった瞬間における，おもりに働く合力 F は，重力加速度を g として，

　　$F = mg - k(l + x)$

と求められます．ここで，おもりにおけるつり合いの式より，

　　$kl = mg$

したがって，

　　$F = mg - kl - kx = -kx$

となります．おもりに働く合力は $-kx$ となり，これは復元力なのでおもりは単振動します．したがって，周期 T は，

　　$T = 2\pi \sqrt{\dfrac{m}{k}}$

と求められます．

　10.3.2 と 10.3.3 の結果より，ばね定数が k ならば，ばねを用いて物体を単振動させる場合，水平に置いても，鉛直につるしても，どちらも周期は変わりません．ただし，鉛直ばね振り子の場合，振動している間は振動方向において弾性力のほかに重力という余計な力が働きます．ここで重力によって振動のペースが狂ってしまい，振動方向に重力が働かない水平の振動とは周期が異なると思ってしまいがちですが，実はそうではありません．

　物体を取り付けたばねを鉛直につるしたとき，物体に働く重力はばねを引っ張って伸ばしますが，ばねが伸びたことによって働く弾性力が重力を打ち消してつり合った位置が新たな自然長の位置として考えられます．そして，このつり合いの位置を振動の中心に，水平ばね振り子と同じ振動をするのです．水平ばね振り子と鉛直ばね振り子の違いは，後者の場合には，重力の働きによって，振動の中心が自然長の位置からつり合いの位置にずれたことだけで，どちらの場合でも周期に関しては違いはありません．

練習問題 10-3

ばね定数 k [N/m] の軽いつる巻きばねに，質量 m [kg] の小球をつけたばね振り子を鉛直につるす．つり合いの位置から鉛直に伸ばして静かに手を放したとき，小球の運動は単振動した．このとき，次の問いに答えよ．

(1) 小球がつり合いの位置 ($x=0$) から x だけ伸びた位置において，小球が受ける重力と弾性力の合力を求めよ．

(2) この単振動の振幅を A とすると，小球が最も高い位置にあるときの加速度 a を，k, m, A を用いて表せ．なお，加速度の正の向きは鉛直下向きとする．

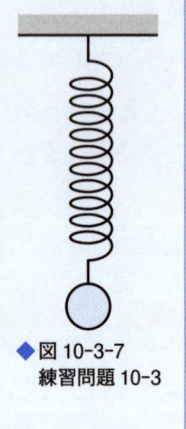

◆図 10-3-7 練習問題 10-3

解答

(1) 重力加速度を g とすると，おもりのつり合いより，

$$kx_0 = mg$$

よって，位置 x において，おもりに働く合力 F は，次のようになります．

$$F = mg + \{-k(x_0+x)\} = -kx$$

(2) 位置 x においておもりに働く合力は $-kx$ なのでこのときの加速度を a とすると，運動方程式より，

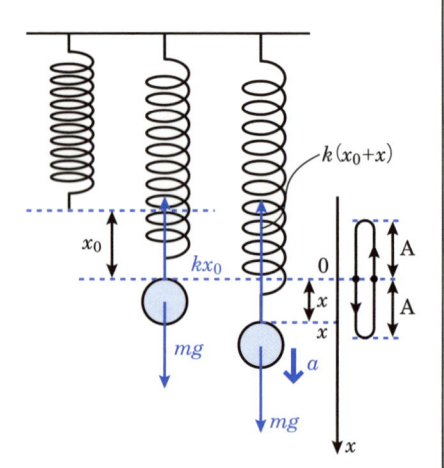

$$ma = -kx \quad \therefore a = -\frac{k}{m}x$$

最も高い位置は，$x = -A$ なので，

$$a_0 = -\frac{k}{m}(-A) = \frac{kA}{m}$$

◆図 10-3-8 鉛直ばね振り子

10.4 単振動のエネルギー

10.4.1 ● 非保存力がない状態の単振動

単振動における力学的エネルギーはどのような形になっているのかを調べてみましょう．ただし，おもりに摩擦力などの非保存力が仕事をしない場合として考えます．

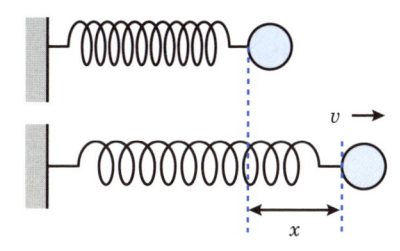

おもりの振動中，水平ばね振り子がもつ力学的エネルギーは，次のように表されます．

◆図 10-4-1　水平ばね振り子

$$E = \frac{1}{2}mv^2 + \frac{1}{2}kx^2$$

ここで，単振動の式 $v = A\omega\cos\omega t$，$x = A\sin\omega t$ を上式に代入すると，

$$E = \frac{1}{2}m(A\omega\cos\omega t)^2 + \frac{1}{2}k(A\sin\omega t)^2$$

$$= \frac{1}{2}m(A\omega\cos\omega t)^2 + \frac{1}{2}m\omega^2(A\sin\omega t)^2 \quad \leftarrow k = m\omega^2\,(10.2.2参照)$$

$$= \frac{1}{2}m\omega^2 A^2(\cos^2\omega t + \sin^2\omega t) = \frac{1}{2}m\omega^2 A^2 \cdots 一定$$

以上から，力学的エネルギーは定数 $\frac{1}{2}m\omega^2 A^2$ となるので，一定に保たれます．このように，摩擦力などの非保存力が仕事をしない場合，単振動する物体の力学的エネルギーは保存されます．したがって，単振動は永遠に続くことになります．

たとえば，ばねにおもりをつけて振動させると，実際には振動は減衰していき，やがておもりは静止します．これは，振動を繰り返す際に，おもりとばねがもつエネルギーが摩擦や空気抵抗などが働き負の仕事をすることよっ

て少しずつ減っていくためです．ところが，摩擦や空気抵抗などがない場合は，エネルギーが減らないので，おもりは永遠に振動を続けることになります．これが力学的エネルギーが保存されている状態です．

10.4.2 ● 鉛直ばね振り子の力学的エネルギー

ばねを天井からつり下げて一端におもりをつけ振動させる状態を考えます（鉛直ばね振り子）．摩擦や抵抗などがなければ，振動は永遠に続くので，力学的エネルギーは保存されるはずです．つまり，この場合の力学的エネルギー E において，

$$E = \frac{1}{2}mv^2 + mgh + \frac{1}{2}kx^2 \quad \cdots 一定$$

が成り立つはずです．それでは，この鉛直ばね振り子の力学的エネルギー保存の法則を確かめてみましょう．

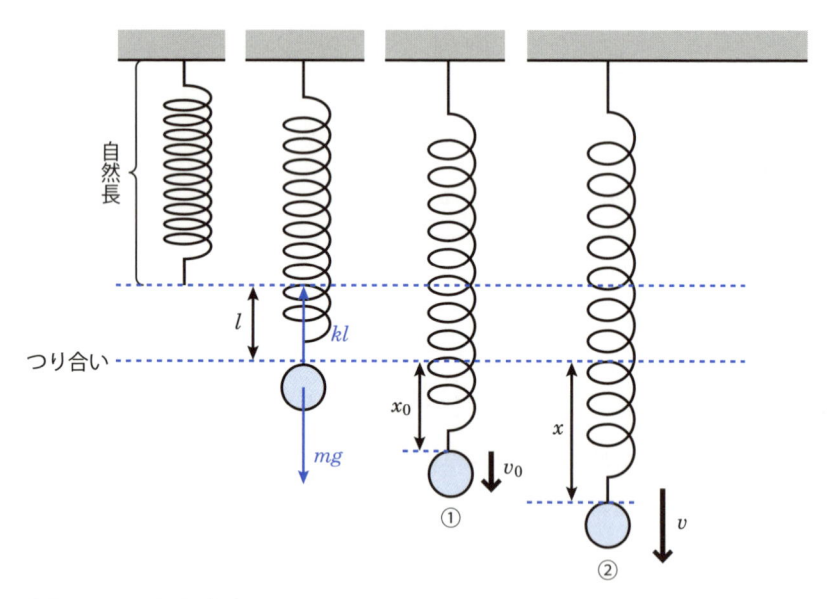

◆ 図10-4-2　鉛直ばね振り子

質量 m のおもりを振動させる場合を考えます．おもりの速度が v_0 にな

り，つり合いからのばねの長さが x_0 の状態を①，その後，おもりの速度が v になり，つり合いからのばねの長さ x の状態を②とします．これら状態①，②について，仕事とエネルギーの関係 $\Delta K = W$ より，

$$\Delta K = W_{重力} + W_{弾性力} \quad (重力がする仕事 + 弾性力がする仕事)$$

なので，

重力がする仕事 $W_{重力} = mg(x - x_0)$

弾性力がする仕事 $W_{弾性力} = \dfrac{1}{2}k(l+x_0)^2 - \dfrac{1}{2}k(l+x)^2$

より，

$$\dfrac{1}{2}mv^2 - \dfrac{1}{2}mv_0{}^2 = mg(x - x_0) + \dfrac{1}{2}k(l+x_0)^2 - \dfrac{1}{2}k(l+x)^2$$

これを変形すると，

$$\dfrac{1}{2}mv_0{}^2 + mg(-x_0) + \dfrac{1}{2}k(l+x_0)^2 = \dfrac{1}{2}mv^2 + mg(-x) + \dfrac{1}{2}k(l+x)^2 \quad \cdots ③$$

となり，この式は，

①における力学的エネルギー＝②における力学的エネルギー

となっています．なお，これは重力による位置エネルギーの基準をつり合いの位置にとった場合です．

> **力学的エネルギーの公式**
>
> $$E = \dfrac{1}{2}mv^2 + mgh + \dfrac{1}{2}kx^2 \quad \cdots 一定$$

ここで，③の式についてもう少し考えてみましょう．この式につり合いの式を代入してみます．すると，式がシンプルな形になります．

まず，つり合いの関係より，

$$kl = mg$$

これを③に代入すると，

$$\dfrac{1}{2}mv_0{}^2 + \underline{kl}(-x_0) + \dfrac{1}{2}k(l+x_0)^2 = \dfrac{1}{2}mv^2 + \underline{kl}(-x) + \dfrac{1}{2}k(l+x)^2$$

第10章 単振動

$$\frac{1}{2}mv_0^2 - klx_0 + \frac{1}{2}k(l^2 + 2lx_0 + x_0^2) = \frac{1}{2}mv^2 - klx + \frac{1}{2}k(l^2 + 2lx + x^2)$$

$$\therefore \frac{1}{2}mv_0^2 + \frac{1}{2}kx_0^2 = \frac{1}{2}mv^2 + \frac{1}{2}kx^2 \quad \cdots ④$$

となり，③の式と比べると項が減ってスッキリした形になります．

減った項というのは，重力による位置エネルギー mgh を表す項です．また，弾性力による位置エネルギーを表す $\frac{1}{2}kx^2$ に当たる部分は，本来ならば式の中の x は自然長からの長さをとるはずですが，$\frac{1}{2}kx_0^2$ と $\frac{1}{2}kx^2$ の中の x_0 も x も，どちらもつり合いの位置からの長さをとっていることがわかります．このことから，「**弾性力による位置エネルギーをつり合いの位置からの長さ x を用いて $\frac{1}{2}kx^2$ とすれば，重力による位置エネルギーは考えなくてもよい**（⑤）」ことがわかります．

このことをはじめから知っていれば，③のように複雑な式ではなく，④のようなシンプルな形の力学的エネルギーの式を立てたほうがミスが少なく，時間もかからないでしょう．ただし，シンプルな式を立てるには，⑤のようなルールが必要です．しっかりとルールを理解したうえで，効率的に考えるようにしましょう．

シンプルな力学的エネルギーの式をたてるためのルール

弾性力による位置エネルギー $\frac{1}{2}kx^2$ の x をつり合いの位置からの長さにとり，重力による位置エネルギー mgh は考慮しないと，次のようなシンプルな式となる．

$$E = \frac{1}{2}mv^2 + \frac{1}{2}kx^2$$

練習問題 10-4

ばね定数 k のばねに質量 m のおもりをつり下げて静止させた．重力加速度の大きさを g として，次の問いに答えよ．

(1) ばねの自然長からの伸び l はいくらか.
(2) おもりを板で下から支えてばねを自然長まで戻し，その後，急に板を取り去った．このとき，おもりはこの位置からどれだけ下がるか.
(3) (2)の後，おもりは単振動をした．このときのおもりの速さの最大値 V はいくらか.

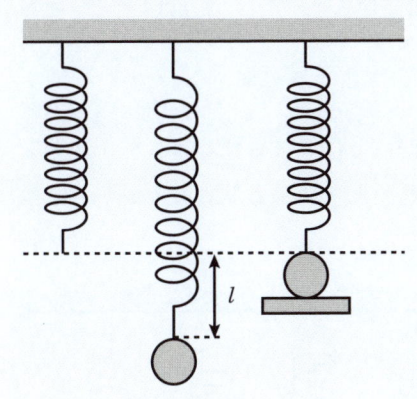

◆図 10-4-3　練習問題 10-4

解答

(1) おもりのつり合いの式より，$kl = mg$　∴ $l = \dfrac{mg}{k}$

(2) つり合いの位置を自然長とした力学的エネルギー保存の法則より，おもりが下がった位置をつり合いから X の位置とすると，

$$\dfrac{1}{2}kl^2 = \dfrac{1}{2}kX^2$$

$$X = l = \dfrac{mg}{k}$$

したがって，板を取り去

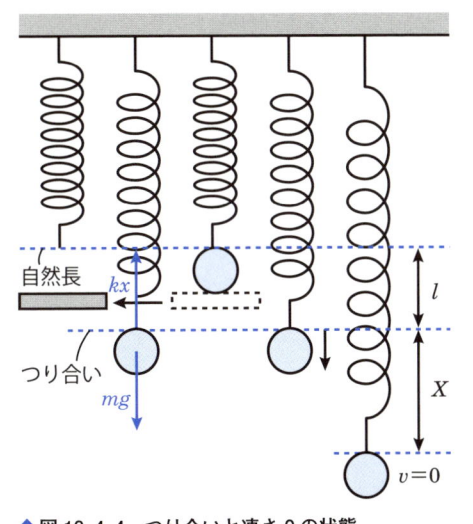

◆図 10-4-4　つり合いと速さ 0 の状態

った位置からは，
$$l + l = 2l = \frac{2mg}{k}$$
だけ下がります．

〔参考〕おもりは振動の位置を中心に，その地点から縮めた長さ分を振幅として単振動する．このことを知っていれば，すぐに振幅は $l = \dfrac{mg}{k}$ と答えられます．

(3) おもりがつり合いより x 分下がった位置における速さを v とすると，つり合いの位置を自然長としたときに，力学的エネルギー保存の法則より，

$$\frac{1}{2}kl^2 = \frac{1}{2}mv^2 + \frac{1}{2}kx^2$$

$$v^2 = \frac{k}{m}(l^2 - x^2)$$

$$v = \sqrt{\frac{k}{m}(l^2 - x^2)}$$

ここで，v が最大のとき $x=0$ なので，$v = V$ として，

$$V = \sqrt{\frac{k}{m}} \cdot l = \sqrt{\frac{k}{m}} \cdot \frac{mg}{k}$$

$$= g\sqrt{\frac{m}{k}}$$

〔参考〕$x=0$ の中心，つまりつり合いの位置を通るときが一番速くなります．

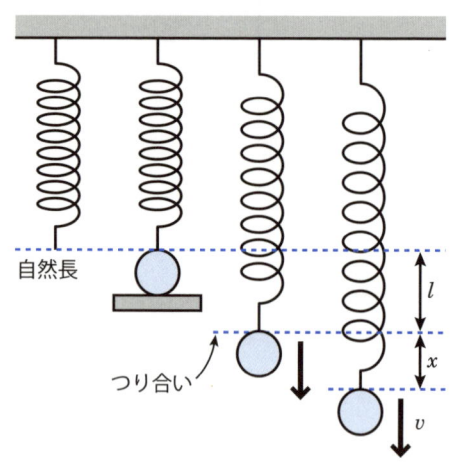

◆図 10-4-5　つり合いと速さ v の状態

10.5 単振り子

細くて軽い糸におもりをつけてつり下げたものを**単振り子**といいます．重力加速度の大きさを g とすると，糸が鉛直方向から角度 θ 傾いた状態で質量 m のおもりに働く力は，重力の mg と張力 S ですが，接線方向の力と法線方向の力を求めると，

接線方向：$mg\sin\theta$

法線方向：$S - mg\cos\theta$

となります．

これら2つの力ですが，接線方向の力 $mg\sin\theta$ はおもりを振動させる役割を，法線方向の力 $S - mg\cos\theta$ は円運動の中心方向を向くので向心力となり，円運動させる役割をもっています．

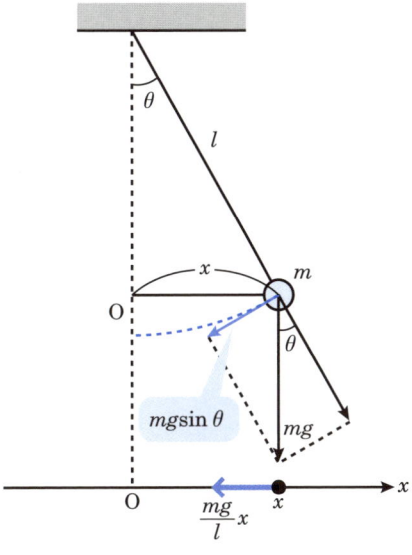

◆図 10-5-1　単振り子

ここで，接線方向の力を F とおくと，次のようになります．

$$F = -mg\sin\theta = -mg\frac{x}{l}$$

$$= -\frac{mg}{l}x \cdots 復元力 \Rightarrow 単振動$$

このように，おもりに働く力は（負の定数）× x の形で復元力となっているので，おもりは単振動します．ここで，θ は極めて小さいと考え，おもりの円弧上の振動は x 軸上の直線上の振動とみなせる程度とします．

また，このときの周期は，復元力の一般形 $F = -kx$ と $F = -\frac{mg}{l}x$ を比

較し，$k = \dfrac{mg}{l}$ より，周期の公式 $T = 2\pi\sqrt{\dfrac{m}{k}}$ に代入して，

$$T = 2\pi\sqrt{\dfrac{m}{k}} = 2\pi\sqrt{\dfrac{m \cdot l}{mg}} = 2\pi\sqrt{\dfrac{l}{g}}$$

となります．

> **単振り子の周期を求める公式**
> $$T = 2\pi\sqrt{\dfrac{l}{g}}$$

　単振り子の周期は，式を見てわかるとおり，糸の長さによって決まるもので，振幅とは無関係です．この性質を，振り子の等時性といいます．

第 11 章

慣性力

ポイント

　これまでは物体の運動を考えるとき，観測者は地面の上で静止をして観測しているという前提でした．しかし，ここでは観測する立場をこうした静止系から加速度系へ変えてみましょう．そこで登場するのが慣性力という見かけの力です．

　ニュートンの運動の法則が成り立つのは静止系が前提なので，加速度系で観測すると式が狂ってしまいますが，それを補うのが慣性力です．わざわざ観測点を変えなくてもよいのでは？と思うかもしれませんが，複雑な運動になればなるほど，加速度系で観測したほうが物体の運動がわかりやすくなり，メリットは大きいのです．慣性力の他に，日常でも使われる遠心力が登場するので，こちらの本質も理解してしまいましょう．

第11章 慣性力

11.1 慣性力とは

11.1.1 ● 静止系と加速度系

慣性力は，重力や張力，摩擦力などとは違って，仮想の力，つまり，本物の力ではありません．これまで物体について，つり合いの式や運動方程式などを立ててきましたが，それらはすべて地面上に静止した状態において観測しているという前提でした．このように，地面に静止して観測する立場を静止系（慣性系）といいますが，加速度運動をしながら観測するには，どのような考え方をするのでしょうか．加速度運動をしながら観測する立場を加速度系（非慣性系）といいます．もし，加速度系で観測した状態で物体の運動の式を立てたらどうなるかについて，考えていきましょう．

> **観測する立場の違い**
> ・静止系（慣性系）　　　：地面に静止して観測する立場
> ・加速度系（非慣性系）：加速度運動をしながら観測する立場

11.1.2 ● 力の関係式をたてる

加速度 a で鉛直方向に上昇するエレベータ内の天井に糸でつり下げられている質量 m のおもりに働く張力について，静止系と慣性系の二つの観測立場から式を求めてみましょう．

11-1 ■ 慣性力とは

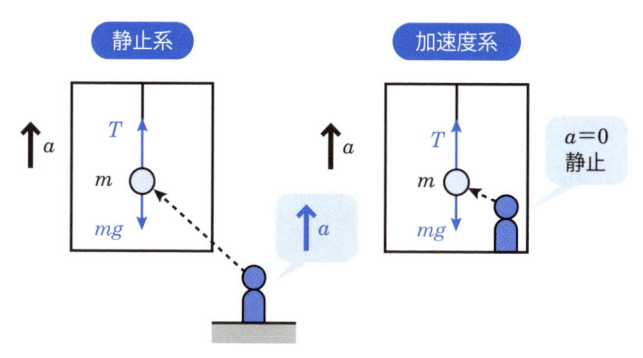

◆図 11-1-1　静止系（慣性系）と加速度系（非慣性系）で観測する張力

■ 静止系の場合

　この場合，観測者はエレベータの外の地面に立ってエレベータ内のおもりを見るので，おもりは等加速度運動をしている状態です．したがって，この場合の力の関係式は運動方程式を立てればよいことになります．

　　　運動方程式：$ma = T - mg$　　∴ $T = ma + mg = m(a + g)$

これにより，静止系の場合の張力は，$T = m(a + g)$ となります．

■ 加速度系の場合

　この場合，観測者はエレベータに乗っておもりと一緒に運動しているので，おもりは静止している状態となります．したがって，これまでと同様に，静止した状態のおもりについて，力のつり合いの関係式をたててみます．

　　　力のつり合いより，$0 = T - mg$　　∴ $T = mg$

　これにより，加速度系における張力は $T = mg$ となります．しかし，静止系の場合の計算結果と異なってしまいました．

■ 計算結果の検証

　結論からいえば，加速度系の張力の計算は間違いです．静止系の計算では，これまでどおり，地面から観測する立場で考えて組み立てた式で，どこにも問題はありません．つまり，加速度系の計算のほうに誤りがあるという

289

ことになります．

　なぜ誤りなのかというと，観測者自身が等加速度運動の立場になっていたからです．本来，物体の状態に関する式を立てるときは，ニュートンの運動の法則より「観測者は地面の上に静止して物体を観測する」のが前提です．たとえば観測者が運動している状態では，静止している物体も運動しているように見え，物体の真の状態がわからなくなってしまいます．そこで，物体の状態を観測するには，観測者が静止した状態であることを前提とし，それを基準として考えなければならないとしました．

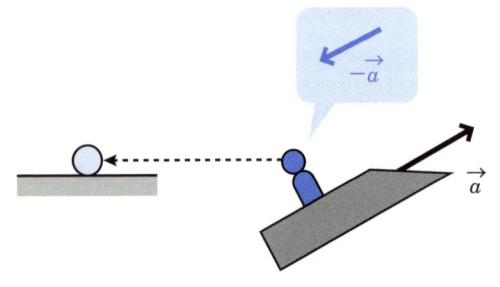

◆図 11-1-2　静止している物体を加速度系で観測する

　加速度運動をしながら物体を観測すると，当然物体の見え方も変わってきてしまうため，これまでどおりに式を立てていては，正しい答えは求められません．とはいえ，加速度運動しながら物体を観測してはいけないということではなく，ある一つのルールを守れば，加速度運動しながら観測している状態でも，正しい式を得ることができます．

11.1.3 ● 加速度系における力の関係式

　それでは，どうすれば正しい式が立てられるのでしょうか？ポイントは，加速度運動をしながら観測するときは，観測者の加速度方向と逆向きに ma という慣性力と呼ばれる見かけの力を一つ加えれることです．この慣性力を含めて，物体についての力の関係式を立ててあげればよいのです．

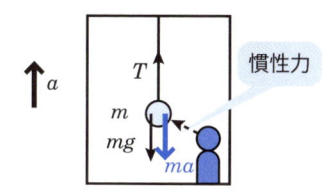

◆図 11-1-3　慣性力を加える

　図 11-1-3 のように，下向きの慣性力 ma を新たに加えて力のつり合いの式を立ててみると，

$$T = mg + ma = m(a+g)$$

となり，静止系の計算式と等しい答えが求まります．

　物体の状態を観測する立場が地面であっても，エレベータ内であっても，当然ながら物体の運動の式については，同じ答えが求まります．したがって，どちらの立場でも変わらないと考えてしまうかもしれませんが，地面から観測した場合の物体の状態は等加速度運動，一方，エレベータ内から観測した場合の物体の状態は静止で，「等加速度運動」と「静止状態」について，どちらの状態の式を立てるのがかんたんかといえば，静止状態のほうでしょう．つまり，観測者が等加速度運動をしている（エレベータ内で物体を見ている）場合のほうが，物体の動きをかんたんに理解でき，力の関係式を立てやすいというメリットがあります．

　図 11-1-4 のように，斜面上の物体が，滑り降りると同時に斜面が動く場合なども，静止系で観測するよりも，斜面上から加速度系で観測したほうが，物体が運動する方向が斜面の角度と一致するので，式を立てやすくなります．

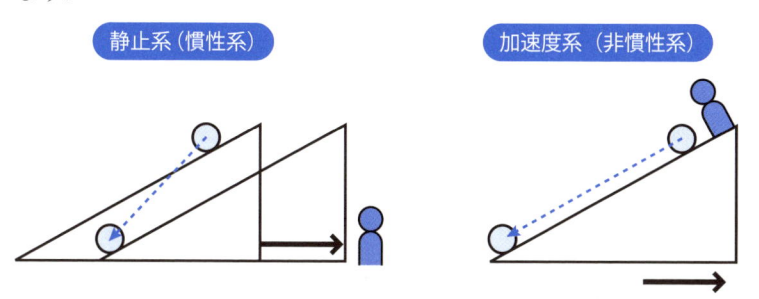

◆図 11-1-4　斜面が加速度運動するときの静止系（慣性系）と加速度系（非慣性系）

第11章 慣性力

　以上から，加速度系のほうが慣性力という見かけの力を加えるという余計な作業が加わりますが，その手間以上に，物体の状態をかんたんにイメージすることができるというメリットは大きく，とりわけ物体の運動が複雑なときなどは，積極的に加速度系で物体の状態を考えるのがおすすめです．

11.1.4 ● 慣性力 ma の求め方

　ここで，慣性力の ma がどのようにして決まったのかを考えてみましょう．
　図 11-1-5 のように，台の上に質量 m の物体が置かれています．観測者はこの台の上に乗っていて，この台が静止状態から加速度 a で右向きに運動を始めたとします．

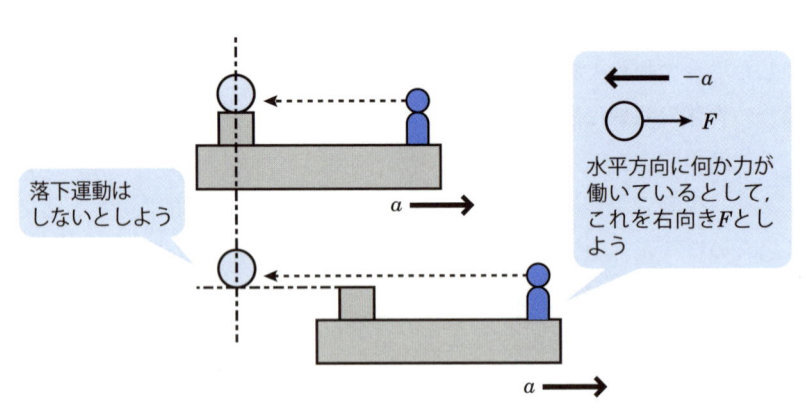

落下運動はしないとしよう

水平方向に何か力が働いているとして，これを右向き F としよう

◆図 11-1-5 慣性力を求める

　このとき，観測者にとって台上の物体は，観測者に働く加速度 a と逆向きの加速度 $-a$ で離れていくように見えます．もちろん，地面に静止した状態で見ると，物体は運動していないのですが，観測者自身が加速度運動をしたために物体が運動したように見えるのです．そこで，この現象を観測者の立場から，実際には物体に力は働いていませんが，見かけの力が働いているとして，力 F を設定して運動方程式を立ててみると，

$$m(-a) = F$$

となり，この見かけの力 F は，

$F = -ma$

と求められます．これが慣性力です．

> **慣性力**
>
> 加速度系（非慣性系）における観測の立場では，観測者の加速度 a と逆向きに，大きさ ma の見かけの力を慣性力として物体に加えて考える．
>
> 慣性力 $F = -ma$

練習問題 11-1

図 11-1-6 のように，等加速度直線運動をしている電車内に傾き θ のなめらかな斜面が固定されている．その斜面上に物体を置くとき，物体は車内にいる人から見て，どのような状態になるかを考える．重力加速度の大きさを g として，次の問いに答えよ．

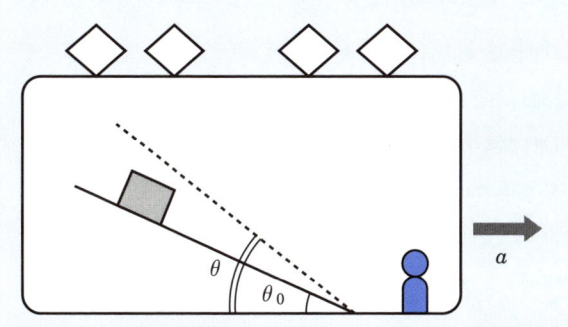

◆図 11-1-6　練習問題 11-1

(1) 斜面の角度 θ が θ_0 のとき，斜面上で物体は静止していた．このときの電車の加速度 a の大きさを求めよ．

(2) 斜面の角度を θ_0 よりも大きい角 θ にしたとき，物体は斜面に沿って下降した．このときの物体の電車に対する加速度 a' の大きさはいくらか．

解答

(1) 等加速度運動している車内から観測するため，加速度系で考えます．

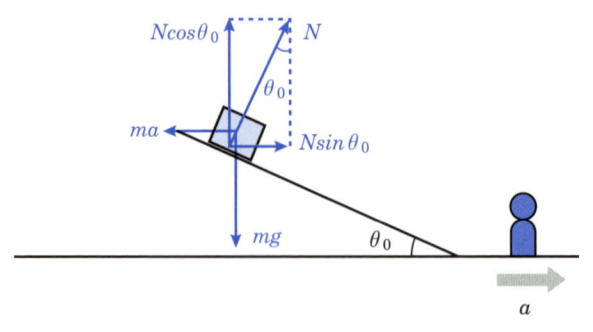

◆図 11-1-7 慣性力を含めた力の分解

電車内で見る物体は斜面上に静止しているから，慣性力 ma が働くと考えてつり合いの式を立てると，

$ma = N\sin\theta_0$

$mg = N\cos\theta_0$

これら二つの式より，

$\dfrac{ma}{mg} = \dfrac{N\sin\theta_0}{N\cos\theta_0}$　　$\therefore a = g\tan\theta_0$

(2) 加速度系における物体の斜面に対する加速度は a' より，慣性力 ma が働くと考えて，斜面に平行な方向における運動方程式を立てると，

$ma' = mg\sin\theta - ma\cos\theta$

$\therefore a' = g\sin\theta - g\tan\theta_0\cos\theta = g(\sin\theta - \tan\theta_0\cos\theta)$

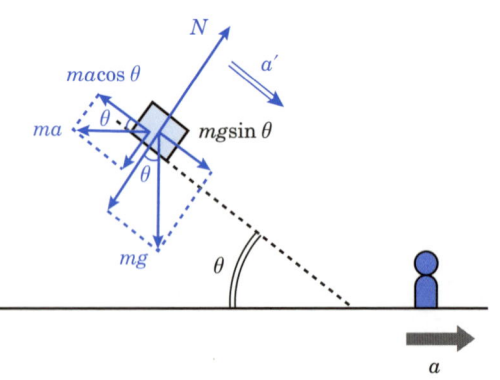

◆図 11-1-8 慣性力を含めた力の分解

11.2 遠心力

　遠心力という言葉は，日常においても比較的よく耳にする言葉ではないでしょうか．たとえば，車に乗っていてカーブを曲がるときに，体がカーブの外側のほうに傾くと「遠心力が働いた」と思うでしょう．しかし，この遠心力も実は見かけの力であって，本物の力ではありません．遠心力は，慣性力の一種なのです．

　遠心力とは，観測者が円運動しているときに考えるみかけの力です．静止系で円運動する物体を観測する場合，物体は中心方向に向心力を受けて円運動をし，中心向きの加速度が生じる，と考えてきましたが，加速度系の場合はどうでしょう．円運動する物体について，静止系と加速度系で実際に式を立ててみましょう．

■ 静止系（慣性系）の場合

　図 11-2-1 のように，糸でつながれた質量 m のおもりが，半径 r，速さ v の等速円運動を行っている場合，静止系，つまり地面から観測すると，運動方程式が成り立つので，

$$m \frac{v^2}{r} = T$$

と求まります．

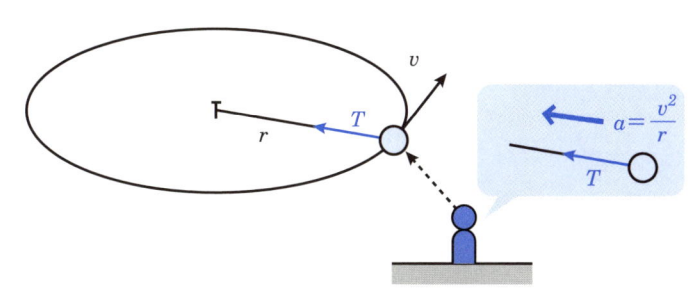

◆図 11-2-1　円運動する物体を静止系で観測する場合

加速度系（非慣性系）の場合

一方，これを加速度系で，つまり，観測者が円運動する物体のそばで一緒に円運動しながら観測すると，物体は静止して見えます．このとき，物体に働く力を考えるに当たって，張力 T の他に，慣性力を加えます．ただし，この場合は"円運動"なので慣性力を"遠心力"として，観測者に働く加速度と逆向きに，円運動の中心から外側方向に $ma = m\dfrac{v^2}{r}$ という力を受けていると考えます．すると，物体についての力の関係式は，張力 T と $m\dfrac{v^2}{r}$ がつり合うと考えられるので，

$$T = m\dfrac{v^2}{r}$$

が成り立ちます．このように，静止系でも加速度系でも，張力 T は同じ値で求められます．

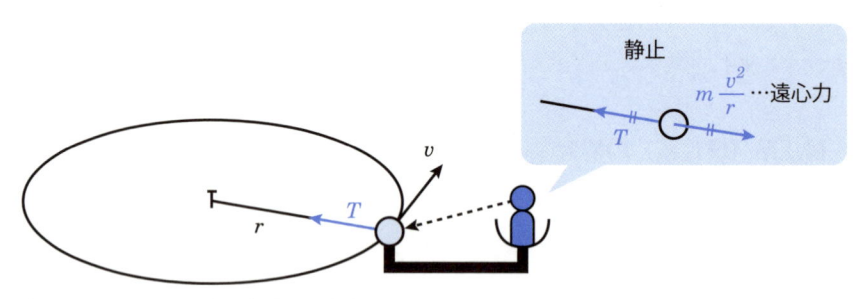

◆図 11-2-2　円運動する物体を加速度系で観測する場合

> **遠心力**
>
> 円運動する物体に働く力について式を立てる際，加速度系（非慣性系）における観測の立場では，物体には円運動の中心から外側に $m\dfrac{v^2}{r}$（または $mr\omega^2$）の見かけの力である慣性力（遠心力）を加えて考える．
>
> 遠心力 $F = -m\dfrac{v^2}{r} = -mr\omega^2$（円の中心向きを正とする）

なお，地球は自転しているので，その地球上にいる私たちは遠心力を受けていると考えることができます．そのため重力は，図 11-2-3 に示すように，地球の中心方向から少しずれた $\vec{W}=\vec{F}+\vec{f}$ の方向に生じます．

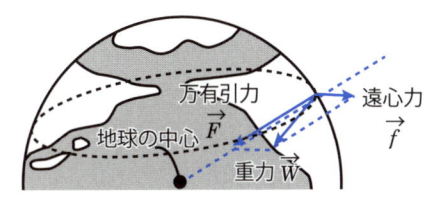

◆図 11-2-3　遠心力の影響を受ける重力

遠心力による影響は，自転の半径が最も大きい赤道上で一番大きくなりますが，実際には万有引力の $\frac{1}{300}$ 程度の大きさなので，影響はほとんどないと考えてかまいません．

第11章 慣性力

TOPICS

コリオリの力

　回転体の上で物体の運動を観測する場合，観測の立場は加速度系になりますので，静止系とは違った見え方となります．このとき，物体は曲がっていくように見えますが，この場合も物体に仮想的な力（みかけの力）を加味して考えなければなりません．これを**コリオリの力（転向力）**といいます．たとえば，自転している地球上にいる私たちが上空を吹く風の向きを考える場合などに考えるべき力がコリオリの力です．

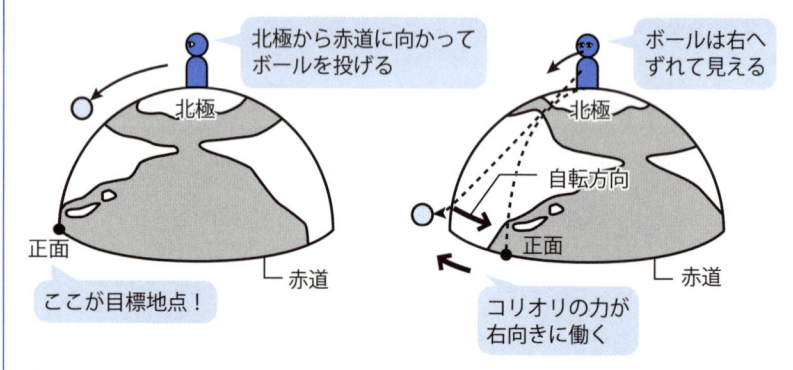

◆図 11-2-4　北半球におけるコリオリの力の影響

　いま，北極から赤道に向かってボールを投げたとしましょう．すると，投げた人にとって，ボールの軌道は地球の自転に伴い，目標地点の位置（正面の点）より右にずれていくように見えます．このような現象は，コリオリの力がボールに作用し，進行方向に対して直角に右向きに働いたと考えます．つまり，北半球では物体の運動方向に対して右にずれていく，というような運動を理解するには，物体の運動方向に対して右向きの仮想的な力が働いたと考えなければなりません．この仮想的な力がコリオリの力といいます．

　なお，南極点から赤道に向かってボールを投げた場合は，コリオリの力は反対向きになり，ボールは正面の目標地点の位置より左にずれていくように見え，コリオリの力がボールに作用して進行方向に対して直角に左向きに働いたと考えます．

Index

数字

1 次関数 42,53,98
2 球の衝突におけるはね返り係数の公式 224
2 次関数 53,62,64
2 次元平面 132
2 力におけるつり合いの式の表し方 79

アルファベット

a − t グラフ 53
F − t グラフ 210
F − x グラフ 98,182
lim 55,183
N 71,147,157
Pa 100
rad 232
v − t グラフ 41,47,52,60,100
v − t グラフと x − t グラフのポイント ,42
x − t グラフ 19,20,42,53

記号

Δ 18,54

カタカナ

アトウッドの滑車 153
アルキメデスの原理 101
イメージ 208
エネルギー 220,225
エネルギーの定義 177
エネルギーの保存 184
キログラム重 71
クーロン力 74
ケプラーの法則 246
ゴール 196
コリオリの力 298
シンプルな力学的エネルギーの式をたてる
ためのルール 282

スカラー 15
スタート 196
ニュートン 136
ニュートンの運動の第 2 法則 146,239
ニュートンの運動の第 3 法則 87
ニュートンの運動の法則 136,206,290
ニュートンの万有引力の法則 251
フックの法則 97,180
プリンキピア 136
ベクトル 15
モーメント 114,116
ラジアンの定義 232

ひらがな

おうぎ形 231
だ円 246
つり合い 76,90,104,125,131
つり合いと作用・反作用 90
つり合いの状態 77
つり合う 130
はね返り係数 219,227
ばね 262
ばね定数 97,103,240,271
ばね定数と角振動数の関係 272
ばねの振動 184
ばねの弾性力 71,97,104,240,271
ばねの弾性力の式 98
ばねの連結 106

あ行

圧力 100
位置エネルギー 178,185,193,197,255,281
一直線上 32,222
一直線上におけるつり合いの式のたて方..79
移動距離 47
運動エネルギー 163,171,185,225
運動エネルギーの求め方 173

Index

運動状態 145
運動の法則 137,141
運動の法則（ニュートンの運動の第 2 法則） 144
運動方程式 146,147,206
運動方程式のたて方のポイント 150
運動量 206,209
運動量と力積の関係 208
運動量の式 209
運動量保存則 214,225
液体 101
円運動 231,236,295
円運動の中心方向における運動方程式 239
遠心力 295
鉛直投げ上げの式 58
鉛直投げ下ろしの式 58
鉛直ばね振り子 276,280
円の中心方向 237
音 225
重さ 157

か行

回転 110,123,230
回転数 234
回転数と周期の関係 234
回転半径 124
外力 74
外力がした仕事 177
外力の分類 74
角 155
角運動量 249
角運動量保存の法則 249
角振動数 263
角速度 230,240,262
角速度一定の法則 249
角速度の求め方 231
角度 230
加速度 43,144,236
加速度運動 290,291,292
加速度系 288,293
加速度の公式 44
加速度の求め方 237
傾き 19
滑車 153
慣性 138
慣性系 140,288,

慣性質量 145
慣性の法則 137,140
慣性の法則（ニュートンの運動の第 1 法則） 139
慣性力 288,290,292
完全弾性衝突 224
完全非弾性衝突 224
観測者 32,223,290,295
観測者と相手の速度が異なる場合の相対速度 35
観測する立場の違い 288
基準面 178
軌跡 64
軌道上 247
逆比で外分 121
逆比で内分 119,130
逆向き 26
極限値 55
距離 160
空気 99
空気抵抗 99
偶力 123
偶力のモーメント 123
減衰 279
向心方向 237
向心力 239
合成 81,118
合成速度 24
合成速度を求める公式 29
合成ばね定数 107
剛体 110,130
剛体のつり合い 126
交点 21,129
公転周期 248
抗力 74,127
合力 79
合力の作用点：2 力が逆方向の場合 121
合力の作用点：2 力が同方向の場合 120
合力の式 81
合力の求め方 82
誤差 55
弧の長さ 231,237

さ行

最大静止摩擦力 93
最大値 94

最大摩擦力	92,128
最大摩擦力（最大静止摩擦力）	95
座標	131
作用	87,100,153
作用・反作用の法則	87,137
作用・反作用の法則（ニュートンの運動の第3法則）	88
作用線	88,112,129
作用線上	112
作用点	89,110,118
三角形	34
三平方の定理	82
仕事	160,174
仕事と運動エネルギーの関係	164
仕事と運動エネルギーの関係式	175
仕事の原理	169
仕事の求め方	161
仕事率	165
仕事率Pの求め方	166
自然界	139
質点	51,103,110
質点と剛体が行う運動	111
質量	144,157
質量と加速度の関係	144
自転	254
斜辺	34,86
斜方投射	60,65
斜面	74,86,155,291
斜面衝突	226
斜面垂直	97
斜面平行	96,97
周期	231,241,254,273,285
周期の求め方	233
重心	129,131
重心の位置	131
重心の座標	131
終端速度	100
自由落下	57
自由落下の式	57
重力	70,89,157,194,200,282
重力加速度	57,192
重力による位置エネルギー	177
重力による位置エネルギーの求め方	178
瞬間の速度	22
瞬間の速度の公式	23
瞬間の速さ	18
衝撃	209

衝突	206,213,220,225
衝突後	219,222
衝突前後	222
衝突前	219
初期位相	268
初速度	45,200
磁力	74
人工衛星	254,259
振動	184
振幅	263
水圧	102
垂直	155
垂直抗力	70,74,94,163,200
水平投射	60
水平ばね振り子	274
静止	91
静止衛星	254
静止系	288,295
静止状態	291
静止摩擦係数	92,127
静止摩擦力	91,93,96
正の仕事	162,176
正負	27
成分分解	28,86,128
正方向	16
積分	22,54,146,256
接触部分	78
接触力	72,149
接線	21,100
接線方向	232,239
接点	21
相似	86
相似比	63
相対速度	32,222
相対速度の求め方	33
速度	14,64
速度と変位の関係式	49
速度の公式	45
速度の合成	24
速度の成分分解	31
速度の分解	31

た行

第一宇宙速度	254
対角線	28,81,118
大気圧	102

301

Index

台形 47
体積 101
第二宇宙速度 259
太陽 246
倒れる 110
脱出速度 259
単位時間 41,43
単振動 262,270,285
単振動における変位・速度・加速度の式 267
単振動の加速度 265,266
単振動の周期 275
単振動の周期の公式 273
単振動の速度 264
単振動の復元力 271
単振動の変位 263
弾性エネルギー 180,182
弾性力 71,78,97,104,281
弾性力による位置エネルギー 180
弾性力による位置エネルギーの求め方 182
単振り子 184,285
単振り子の周期を求める公式 286
近づく速度 223
近づく速さ 220,224
力 160
力と加速度の関係 143
力の3要素 111
力のモーメント 116,125,130
力のモーメントの正負 117
力のモーメントの求め方 116
力の矢印の描き方3ステップ 72
地球 56,89,157
張力 70,129,153,192,241
直線 21
直列接続 106,108
直角三角形 85,86
抵抗力 99,105,188
底辺 86
転向力 298
同一作用線上 87
等加速度運動 44,56,174,289
等加速度直線運動 44,57,172,293
等加速度直線運動における公式 ... 49
動滑車 169
動径 247
等速円運動 230,239,240,248,262
等速円運動の速度の求め方 233
等速直線運動 40,167,230

等速直線運動のポイント 41
等速度運動 40
動摩擦係数 93,155,202
動摩擦力 91,93,200
時計回り 114,117

な行

斜め衝突 226
斜め方向の力 161
斜め方向の力の仕事 162
熱 196,225

は行

離れる速度 223
離れる速さ 220
場の力 72
速さ 14
反作用 87,100,153
半短軸 247
半長軸 247
反時計回り 114,117
反比例 144
引き分け 76
非慣性系 140,288,296
非弾性衝突 224
微分 22,267
微分係数 22
非保存力 188,194,197,201,279
比例 143
比例定数 95,146
復元力 270,277,285
物体 157
物体がもつエネルギー 177
物体に働く力の見つけ方 77
負の仕事 163,175,176,196
負方向 16
振り子の等時性 286
浮力 101
分解 84
分力 84
分裂 206
平均の速度 22
平均の速さ 18,20
平行 25,155
平行四辺形 28,81,118

平行でない2力のの合成.................................. 118
平面上 34,215
並列接続 107,108
辺 85
変位 42
変位の公式 47
放物線 60
保存力 194
保存力と非保存力の例 194

ま行

万有引力 72,251,255,297
万有引力定数 260
万有引力による位置エネルギー 257
摩擦 74
摩擦力 71,149,175,194
密度 101
無限遠 257
無重力空間 157
面積 47
面積速度 247
面積速度一定の法則 247,260

ら行

落下 177
力学的エネルギー 184,191,201,258,279
力学的エネルギーと非保存力の関係 199
力学的エネルギーの公式 281
力学的エネルギー保存則 242
力学的エネルギー保存の法則 ....
188,193,258,280
力積 206,217,227

わ行

惑星 246

■著者プロフィール／堀口　剛
　　　　　　　　　ほりぐち　つよし

埼玉県新座市生まれ。学習院大学理学部物理学科卒業、学習院大学大学院自然科学研究科物理学専攻博士前期課程修了。
　1994年から都内の私立中学・高等学校で高校生の物理の教員として教壇に立つと同時に、代々木ゼミナールなどの大手予備校講師として大学受験生の指導や教材作成にあたり、東大合格を始め多くの難関大学への合格実績を作る。駒場東邦、攻玉社、錦城など10校以上の学校で生徒とのコミュニケーションを重視しながら授業を展開する一方、知識やテクニックの詰め込み指導ではなく「物理はイメージ」＝「イメージが湧く授業」の必要性を強く感じる。また、受験勉強により目が死んだ生徒達を多く目の当たりにし、暗記・詰め込み、偏差値重視の私立中学受験のやり方に疑問を抱く。
　2005年にこれまでの指導経験を生かし、物理を基礎から勉強したい大学生や高専生、社会人、そして現役高校生のためのテキストに特化した『高校物理をやさしく解説するブログ　ガッチリ物理』を開設。多くのアクセス数を得る。
　家族で神奈川県平塚市に移住後、2016年JR平塚駅前に公立中高一貫受検・高校受験対策の学習塾『堀口塾』を開設。"地頭を鍛える"、"知識やテクニックの暗記・詰め込みは行わない"、"楽しく幸せな受験をしよう"をモットーに小学生や中学生の指導にあたる。開校初年度から公立中高一貫校である平塚中等教育学校への合格者を輩出、その後も受験生達を合格に導くと共に、高校受験では神奈川県の公立トップ高校への合格者を輩出する。また堀口塾YouTubeチャンネルを開設し、公立中高一貫受検・高校受験に関する情報や教育・子育てに関する情報を発信している。
　趣味は、音楽鑑賞、動画制作、ウィンドサーフィン、登山、釣りなど。

● 高校物理をやさしく解説するブログ　ガッチリ物理：http://blog.livedoor.jp/shumon1/
● 堀口塾 YouTube チャンネル：https://www.youtube.com/channel/UCAaRwDlbq1iURs2Wp910coQ

■参考文献
正林書院『親切な物理（上）』渡辺久夫／裳華房『高校課程物理上巻』原島鮮

これでわかった！ 力学の基礎
　　　　　　　　　りきがく　きそ

2011年 7月10日　初版　第1刷発行
2023年 6月13日　初版　第3刷発行

著　者　堀口　剛
　　　　ほりぐち　つよし
発行者　片岡　巌
発行所　株式会社 技術評論社
　　　　東京都新宿区市谷左内町 21-13
　　　　電話　03-3513-6150　販売促進部
　　　　　　　03-3513-6166　書籍編集部
印刷／製本　株式会社 加藤文明社

● カバーデザイン
　小島トシノブ＋齋藤四歩(NONdesign)
● カバーイラスト
　時川真一
● 本文デザイン
　SeaGrape
● 本文レイアウト
　株式会社 明昌堂

定価はカバーに表示してあります

本書の一部または全部を著作権法の定める範囲を超え、無断で複写、複製、転載、テープ化、ファイル化することを禁じます。

© 2011　堀口　剛

造本には細心の注意を払っておりますが、万一、乱丁（ページの乱れ）や落丁（ページの抜け）がございましたら、小社販売促進部までお送りください。送料小社負担にてお取り替えいたします。

ISBN978-4-7741-4702-4　C3042

Printed in Japan

本書の内容に関するご質問は、下記の宛先まで書面にてお送りください。お電話によるご質問および本書に記載されている内容以外のご質問には、一切お答えできません。あらかじめご了承ください。

〒162-0846
東京都新宿区市谷左内町 21-13
株式会社技術評論社　書籍編集部
「力学の基礎」係
FAX：03-3513-6183